千萬別創業

「除非你用對方法」

食尚歐巴 韓森 無私傳授

20年餐飲業 實戰必勝經營思維

―― 讓餐飲小白從零開始
實踐創業最佳的工具書
―― 創業者解決開店問題
自我挑戰最好的教科書

plus!

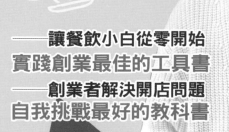

創業常見問題50問
創業必備心態50則

食尚歐巴
韓森 /著

目 錄

第一章／在創業前需要做好什麼準備？

第三章／十則創業實際案例分享

推薦序 1 林楚峰

　　時間拉回 18 年前，我走進民生東路巷弄內的地中海風咖啡館，初次見到韓森歐巴，猶記得他眼神中與同年紀人不同的堅定，還有對咖啡茶飲的滿滿熱情，言談中充滿自信地述說著自己創業的點點滴滴，我早已忘記此行的目的，只沉醉在彼此的談話之中，在那一刻，我就深信，歐巴未來肯定會在餐飲界展露頭角！

　　我在加盟連鎖業及連鎖店設計裝修行業 20 幾年，接觸創業開店的老闆們不下千人，許多人是一開始自信滿滿、意氣風發的開店，卻落得傾家蕩產的慘痛下場，正是缺乏創業的指南與導師，也正因為如此，韓森歐巴在累積了這 20 幾年的創業經驗後，撰寫了這本創業聖經，希望讓創業的人少走一些冤枉路。

　　這本書真的非常推薦給正在想創業或者已經準備要創業的朋友，透過這本書，可以檢視自己是否適合走向創業這條路？確認自己是否準備充足了？進而能成功開創出屬於自己的事業！也祝福韓森歐巴的書能大賣，造福

更多有志創業的人！

爍筑室內設計工程有限公司／執行長 林楚峰

創業本身就是一條艱深的道路，不僅天時、地利、人要和，更要有滿上的運氣及爆棚的人脈，加上自身不間斷的努力及堅持，才有機會靠近成功！進而擁抱得來不易的勝利氣息！

從事餐飲服務業也將近快 20 個年頭，歐巴的心境跟我不謀而合 !! 看完他精闢的文字及分析，真心覺得它是一本對創業很有助益的工具指南書。舉凡創業前的準備，知識、心態、資金及其他大大小小的瑣碎事，創業中的過程，各種困難及挑戰，甚至到退場機制，都值得您細細閱讀及借鏡。

對於想創業，害怕不敢跨出第一步的族群，一個明確的方針及方向，更期盼有心有目標的您我，可以一天比一天更加茁壯更加卓越 !!!

也要永遠要記住三要及五心——

三要：微笑要多 & 嘴巴要甜 & 腰桿子要軟

五心：用心，專心，細心，決心，恆心

未來餐飲界的翹楚，妃您莫屬。

珍豪飯店執行長／麻妃麻辣鴛鴦鍋總經理 楊智凱 Ken

　　一個相識超過 25 年的好友，他，即將躋身作家的一員，把他創業的成功經驗，完整呈現出來，讀著他撰寫的文章，腦海中一一浮現回憶的畫面。

　　在我還是初出茅廬的大學畢業生，投了無數履歷，每每石沉大海的時候；在我好不容易找到工作，因為資歷尚淺，每次檢討會完，背鍋總是我的時候；在我鼓起勇氣創業，找不到案源，沒有什麼錢可以吃頓飯的時候；在我與合夥人之間，為了許多利益問題而起衝突的時候；在接了超多的工作，忙到沒時間回家，只能挑燈夜戰，睡在公司的時候；他親手調製的一杯紅茶，總是能讓我馬上得到慰藉，在這麼多孤軍奮戰的時刻，可以陪著自己，得到慰藉，對我來說，這是一杯有溫度的飲料。而當中的細節，來自那份不忘初心的堅持。

　　畢業後，歐巴的第一份工作就是自己創業當老闆，看著加盟分店一間接著一間開，不管開在哪裏，下班後我總是自動報到，我就是最佳的新品評論員，最愛各式紅茶的我，身為一個忠實客戶，每次都能擁有一杯專屬飲料，就像一種關係上的連結。在廣告行銷界多年，記得第一次私接工作，就是為他的飲料店拍攝影片；在 YouTube 還在起步的年代，客戶體驗的影片很是前衛，深入每個客戶對產品的體驗，讓客戶表達自己有不同口味跟喜好，甚至獨特的個性與品味；發展至今，「大奶微微」已是市場上人人皆知的熟悉語言。

廣告及行銷一直都是我最熱愛的，在創辦自己公司的若干年後，我轉戰直銷界，在葡眾有了一點小小成績，為讓讀者簡單理解，容我解釋一下，直銷商等同各位熟知的連鎖加盟商（如7-11），或所謂向總公司代理產品的經銷商（如台灣賓士），而在發展通路及組織方面，對我而言，就像在協助所謂的下線經銷商創業一樣；學習如何暖心，一直都是創業者最重要的課題，不論是好好說故事的自我行銷，還是需要專業培訓的售後服務。

　　歐巴一直在餐飲圈奮戰從未離開過，20幾年間，陸續推出連鎖餐飲的品牌，成績傲人，持續不斷的創新，也累積了多年創業的實戰經驗，心法更是獨樹一格，如今將經驗編撰成冊，化作文字無私分享，真的是創業者的一大福音。

廣告公司 CEO，葡眾藍鑽／簡志光

我從小生長在一個公務人員雙薪的小康家庭，父親是政府住宅及都市計劃發展局的首席建築師，也就是設計國宅幕後的推手，母親是公立高中的國文老師，家庭生活不算富裕，但也衣食無缺，不同於傳統家庭在小孩成長中填鴨式的教育方式，我們家的教育很西化，父母親給予我和妹妹非常自由的思考空間，我記得小時候我從來沒有被強迫去學習任何東西，都是我產生興趣之後，主動要求父母親讓我去學習，所以從小我就喜歡觀察，對很多不同事物都保持著高度的興趣，腦袋瓜裡總有很多天馬行空的想法，現在回想起來，這些從小開始慢慢累積的創造力與行動力，都是促成我長大後能夠成功創業的能量。

　　國中時，家裡遭逢巨大的變化，母親因為大腸癌離世，讓我頓時失去了生活的重心，彷彿世界末日般的痛苦。我非常感謝當時我的父親，父兼母職，把我跟妹妹

拉拔長大，因為父親無私的關愛，讓我沒有因為這樣的打擊而走偏人生的方向，他在我成長的過程當中，培養我獨立思考處理事情的能力，並教我用正向思考的方式去面對之後未知的挑戰，這是影響之後我創業過程當中，非常重要的一個轉捩點。我也非常感謝我當時的創業夥伴，也是我現在的老婆，Kathy。她在我大學畢業當完兵之後，毅然決然地辭去外商公司高薪的工作，在我沒有經驗沒有資源的情況下，不顧家人的反對跟朋友的勸阻，一無反顧的放下一切，跟我一起白手起家創業，創業這 20 幾年來，不離不棄，默默支持著我陪伴著我，我們一同經歷創業的風風雨雨，一起面對問題，面對挑戰，她是我在創業過程中最大的力量及後盾，因為有她的支持及陪伴，讓我在創業的過程中，不是孤單無助，而是同心協力。

　　最後要感謝一路上幫助我的貴人，在創業的過程中，每一個細節都是環環相扣的，也許是一個好的商品、也許是一個好的設計、甚至是一個動作、一個建議、一句話，都能在創業的過程當中，累積正向的能量，而

我希望可以延續這個正向的力量，讓每一個想創業的餐飲小白，因為這本書而有了創業正確的方向。

做。就對了。

創業這條路，開始了，就沒有盡頭。

未完待續。

大家好，我是食尚歐巴——韓森老師（以下稱歐巴），從事餐飲業已經超過 20 年的時間，畢業後第一份工作就是當老闆，20 多年來也一直在餐飲相關的領域打拼從沒離開過，創業期間經歷過創業初期的撞牆期，金融海嘯，毒奶精塑化劑事件，英國藍茶葉農藥超標事件，COVID-19 等等考驗，在內外衝擊又艱困的餐飲市場下，還存活下來這 1% 打不死的蟑螂。我不敢說我是一位非常成功的創業者，但是我絕對是整個創業過程從無到有親身經歷過程的實踐者。這本書我將帶領大家分享我這 20 年來的創業歷程，在過程中分享實際經營餐飲的策略及方法、遇到瓶頸要如何處理與突破，以及是什麼樣的思維模式與心態才能成為一個成功的創業者。

　　你可以說這是一本讓餐飲小白從零開始到實踐創業最佳的工具書，也可以說這是一本創業者解決開店問題及自我挑戰最好的教科書。在這本書中，歐巴將會把我親身

經歷的創業過程累積的經驗及案例，無私且真實的分享給各位，讓你們在創業的過程當中不再感到無助，有方向而且有系統，一一去解決創業會發生的問題，一步步朝成功的方向邁進。

　　創業應該是一個動詞而不是一個名詞，大部分上班族都有創業的夢想，但多數人會做的都只是在腦袋裡空想，沒有把創業開店的想法化為實際行動，那麼開店當老闆這件事情就不會有開始的一天，當然也就沒有所謂的成功或不成功。根據統計，有百分之82%的上班族有想要創業的想法，可見老闆這個頭銜對於上班族確實存在著致命的吸引力。一般人對於老闆的既定印象，不外乎就是當老闆很自由，不用看人臉色，不用拿死薪水，賺得比一半上班族多很多，即便如此，這些人也只會空想，沒有勇氣及動力真正付諸行動去創業。但這82%有創業想法的上班族，當中真的有18%的人會真正付諸行動去創業。可想而知，這18%的人需要多大的勇氣改變現狀，脫離舒適圈投入創業這個新環境，可是最令人惋惜的是，在這些身體力行的創業者中，卻只有不到百分

之 8% 的人能獲得營業額比例一成以上的利潤，這就是餐飲創業的 888 法則，很現實很殘酷，但卻無比真實。

　　就因為創業看起來如此艱難，好不容易鼓起勇氣改變現狀開始創業，不是賺不到想要的利潤，就是每天累得不成人樣，想要有利潤同時兼顧生活品質更是難上加難，我遇到最多人問我的問題不外乎就是：歐巴，你當初是因為什麼樣的機緣或是動力才走上創業這條路？而在創業的過程當中，你到底是做了什麼或是堅持了什麼，才能這麼成功？開了這麼多家分店加盟店，創立了這麼多個連鎖的品牌，你到底是用了什麼方法才可以不斷的擴大你的事業獲得成功？

　　企業家馬雲曾說過：「當你發現你的朋友圈有人長期在做一件事，你觀察他很久，如果過了五年，他還持續在做，你也剛好有需求，那就找他吧！」五年，這個說長不長說短不短的時間，如果這個人沒有實力早就出局了，如果不專業早就淘汰了，如果是騙子早就消失了，長期做下來的，都是靠譜的。創業也是如此，堅持下去，成功就是你的。

從事餐飲業至今已超過 20 個年頭，看到太多對創業有憧憬有理想的朋友勇敢創業後戰死在沙場上，覺得很心疼也很可惜。創業當然不會一帆風順，在我創業的過程中，我做過很多對的決定，讓我獲得成功與掌聲，同時，我也做過很多錯誤的決定，讓我體會到失敗與挫折，嚐盡了人間冷暖，所以，我將這些年創業的親身經歷，轉化為淺顯易懂的文字及案例，鑄成了這本書，希望能藉由這本書，讓想要創業的朋友們都能盡量避開創業的迷途及陷阱，少吃一點我曾嚐過的苦頭，早我一步邁向成功。「成功沒有捷徑，只有腳踏實地一步一腳印」，本書將教會你不要以笨拙的方法去找尋人生的道路，自己摸索成功的過程總會遇到挫折與失敗，走捷徑並不是件壞事，學會借力、學會從他人的成功經驗中得到啟發，不僅能夠幫助自己避免錯誤的決定，也能更快速的抵達終點獲得成功。

　　本書主要分成三個章節，第一個章節為創業之前需要做什麼準備？在開始創業之前，包含了資金、心態等各種創業的準備，我會在此章節詳盡的介紹。

第二個章節是創業後會遇到的種種問題，在這個章節，我會以親身經驗跟實際案例來告訴你，當你面臨到這些創業問題時，該如何去解決才是最有效率且符合經濟效益的方式。

　　第三個章節中我會用十個餐飲案例作為分享，讓你可以輕鬆掌握正確的創業方向及心態，一步一步穩定踏實地創業成功。

　　在開始之前，歐巴先帶你看看幾個我創立餐飲品牌的成功案例分享，接下來就讓歐巴帶你進入創業的神之領域。

成功案例 1 藍棧咖啡（手搖飲連鎖飲品專賣店）

藍棧咖啡（手搖飲連鎖飲品專賣店）

　　在大學時期，我就非常喜歡喝手搖飲，但是當時卻沒有一個牌子可以同時滿足茶跟咖啡同時好喝的需求。在大學畢業當完兵後，在 2005 年的夏天，跟當時的女友（現在的老婆），用在學生時代打工存下的 50 萬，在南港軟體園區創立了藍棧咖啡，2010 年開始加盟，期間共開設三家直營店及 55 家的加盟店。

藍棧主打地中海風格渡假風，店面風格明確，記憶點高。

　　店面吧檯採用燈箱設計，製作飲品在後廚房，讓店面看起來整潔明亮。

藍白色系招牌，設計觀十足，顏色鮮明有質感。

　　店面同時也提供教育訓練中心，讓加盟主可以隨時回來總部進修上課開會。

　　藍棧使用業界最高等級原物料，主打茶葉、咖啡豆都是獨家生產，市場上無法取得。

　　藍棧提供內用空間，讓中午出來用餐的上班族能有另一個歇息聊天的空間。

成功案例 2 無敵漢堡（美式手工漢堡專賣）

　　我本身非常喜歡美國的速食文化，從小到大，瘋狂的收集這類的收藏及玩具，在因緣際會之下偶然吃到了手作的美式漢堡，一吃驚為天人，當下就決定開設一間以美式裝潢、手作漢堡為主的美式餐廳，同時也可以把多年的收藏展示在店裡，一起分享給大家，於是在 2013 年的夏天，無敵漢堡就此而生。

　　WOODY 專程從國外華納影城購入一比一等比超人，增添話題性與視覺印象。

純正美式裝潢風格，彷彿置身拉斯維加斯。

店內許多美式經典玩具收藏，吸引眾多網紅拍照打卡。

WOODY 標誌使用霓虹點綴，更能凸顯風格。

一二樓共120位用餐空間，大組團體用餐都沒問題。

用餐輕鬆自在，不用出國就可以享受道地美食。

裝潢配色大量使用黃綠兩色，用色明亮大膽。

成功案例 3 泰瑪式（泰式奶茶手搖飲專賣）

　　我很喜歡出國到處走走，去看看每一個國家不同的文化及流行的事物，去過一次泰國之後，就瘋狂愛上當地的文化，一年總要去個兩三次，在旅行的過程當中，泰式奶茶是讓我最驚艷的一個飲品，因為實在太喜歡喝，在台灣都喝不到，所以乾脆到泰國取經，把泰式奶茶原汁原味的複製到台灣，2018 年夏天，泰瑪式這個品牌就此而生。

　　泰瑪式命名靈感來自於同樣是以橘色為代表色系的精品品牌愛馬仕，黑色橘色凸顯品牌視覺。

店內招牌主打泰式奶茶、抹茶奶綠及摩摩喳喳等道地泰國風味飲品。

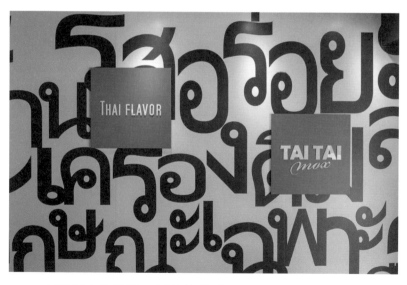

品牌創立的目標，希望能夠成為手搖飲市場的愛馬仕。

　　泰瑪式的店面設計，原汁原味複製泰國街頭元素，彷彿置身當地。

　　除了手搖飲，店面還跟泰式船麵完美結合，提供消費者更多元的選擇。

　　除了主打商品之外，還加入特殊飲品（西谷米）、泰式冰沙及熱飲，讓消費者有更多選擇。

　　飲料種類完全複製泰國當地口味，原汁原味呈現給消費者。

成功案例 4 藍爵歐陸料理（無國界料理餐酒館）

　　從事餐飲業已經超過 20 個年頭，很慶幸這些年來沒有蹉跎時光，累積了很多餐飲的經驗，想想是應該把這些經驗回饋給消費者了，就這樣一個簡單的想法，想要將好的餐點、好的用餐環境、好的服務這三項集結在一起，2020 年的年初，藍爵歐陸料理在三峽北大特區誕生。

　　藍爵以舒適的空間，親切的服務，美味的餐點這三個堅持為創立的初衷。

　　設計將燈光調暗，讓店內氛圍更加凸顯輕鬆不拘束的輕
鬆感。

　　用餐加入精釀啤酒的元素，提供世界各國的啤酒，更增加
了餐廳的多元性。

　　投影機及歌唱設備，是團體聚會及大型活動舉辦的最佳場地。

　　餐廳增設獨立包廂，讓不想被打擾的客人，能夠有獨立的用餐空間。

第一章／在創業前需要做好什麼準備？

第一節 創業前的心理建設——什麼是你的核心價值

1. 你創業的初衷是什麼？你為什麼想要創業？

在創業之前，你必需知道，創業當老闆這件事情是不是你的人生的目標跟生活的重心，因為這關係到你願意花多少的時間精力在創業這個項目上。舉例來說，有的人目標是結婚生子，有一個幸福美滿的家庭，有很多時間可以陪小孩，三不五時可以出國旅遊增加甜蜜回憶，這就是他的生活目標及重心。有的人是追求更高的學歷，能在專業的領域當中出類拔萃，從碩士、博士到專家，在過程中非常辛苦，但這些專業就是他的人生目標及生活重心，有的人覺得人生苦短，財富生不帶來死不帶去，只想要無拘無束過生活，那樂活及健康，就

是他的人生目標跟重心。在創業的過程中，你需要一無反顧，創業的現實也會讓你無法兼顧，所以在創業之前必須有所取捨，如果你的人生目標跟重心不是在創業這件事情上，那就千萬不要貿然創業當老闆。創業就像養小孩，過程是辛苦的，是有責任的，但是如果你樂在其中，吃苦當吃補，在過程中看到品牌慢慢日漸茁壯，就會有如倒吃甘蔗越苦越樂，如果沒有這樣的心態，創業對你來說就會是一個很大的負擔及束縛，所以在創業之前，你必須要知道自己心裡最渴望最需要的是什麼，知道自己是為了什麼而創業，才會有開始的動力及願景。

2. 創業對你來說有多重要？ 你是無法創業就會渾身不對勁的人嗎？

　　如果創業這件事對你來說是可有可無，那就代表現階段的你還不適合創業，讓我來跟你說一個情況，如果你看到有人在賣東西，你會想這個東西我有機會也可以賣，如果走在路上看到一個空的店面，你會想如果是我租下這個店面，我會怎麼設計怎麼裝潢要賣什麼商品怎

麼行銷，隨時注意有沒有新的商機，萬事俱備就等待一個時機，最大的關鍵點就是你無時無刻都在想創業這件事，吃飯也想、睡覺也想、把創業掛在嘴邊，那麼離你真正開始創業的時間就不遠了。

3. 你有堅定的創業目標與信念嗎？

創業的目標簡單來說就是，你要設定一個販售的商品，而這項商品能夠滿足你目標顧客的需求，因而獲得利潤。隨著你的目標客戶越來越多，需求大於供給，你的創業項目就會越來越成功。反之就會以失敗收場。所以創業初期堅定的目標及設定提供目標客戶的商品是之後創業能否成功的關鍵。除非你是做生意的老手，什麼東西到你手上，基本上你都可以駕輕就熟地找到商品的優勢販賣給目標客戶，那你的創業賣的就不是商品，而是你的個人行銷魅力，就像你在夜市中常常可以看到許多舌燦蓮花的叫賣哥叫賣姊，就是這個概念。初期創業的你並沒有這麼厲害，建議你一定要仔細選定好販售的商品後，再開始進行創業這件事。這件商品你需要非常熟悉

及熱愛，並且能夠將商品的本質、效能、差異性發揮到極致。舉個例子來說，如果你今天走在路上看到路邊在賣蚵仔麵線，就覺得賣麵線很好賣，就想要賣麵線，隔天又走在路上看到新開的手搖飲店大排長龍，就覺得飲料很好賺，馬上改變心意想要開飲料店。這些你看到所謂的商機，對你來說都不是對的商機，因為你對想要販售的商品不熟悉，又容易受到外界因素的種種影響，基本上還沒創業，我就可以先預告你的失敗。真正的創業模式應該是，假設你想要賣麵線，你應該吃遍市場上各種不同種類的麵線，找出你覺得最好吃最有賣點的口味，用盡各種方式，不管是拜師求藝也好、自己埋頭苦幹也好，最後研發出一個你覺得最好吃的麵線口味，當作你的主打商品，這樣開店才有成功的機會。

這讓我想起我的一位朋友，擁有台大畢業高學歷，畢業後還出國深造，拿了碩士文憑回國後在外商公司工作了一陣子，就跟她當時在台大的同學結婚，辭去外商的工作，前後生了三個小孩，有車有房，家裡有菲傭，標

準的人生勝利組。這樣人人稱羨的完美的生活，應該沒有什麼好挑剔的吧？但朋友卻一直對現況不滿足，總覺得生活好像沒有核心的價值，不甘於現狀但是又講不出自己到底想要做什麼，在這樣的情況下，她萌生了一個想法，就是「我要創業」。但對於要創什麼業並沒有頭緒，這個項目好像不錯、那個東西好像也行，每次見到我的第一句話總是「老闆我想要創業，有什麼我可以做的？」在這樣的情況下，我的回答永遠是「你千萬不要創業！」至於為什麼不要創業呢？原因再簡單不過，創業這件事情在初期是沒辦法兼顧的，是要有所犧牲的，是要投入百分之百的專注力，當然沒有辦法兼顧事業又兼顧家庭又兼顧愛情又兼顧體力。創業初期是非常辛苦、也很卑微的，你需要花費時間精力在創業這個項目上，創業的過程是很難受的，必須非常專注、非常努力、付出很大的代價才有可能成功，就好像考到頂尖學校的學生，必定是熬了無數的夜，花了比別人多好幾倍的時間才能達成目標，但是背後辛酸血淚的辛苦過程別人往往看不到，看到的只有那光鮮亮麗的校名。創業也是這樣，只看到

別人成功的果實，就認為一切都很簡單，但背後付出多少努力，做出多少犧牲，這不為人知的那一面，是想要創業的你沒有看到的。對於創業這件事情，我要告訴各位的是，你必須抱有破釜沉舟的決心，在你全心全力投注執行的同時，還需要承擔失敗的風險，更何況，如果你是用姑且一試的態度去創業，那基本上成功的機會趨近於零。

4. 創業需要一顆強大的心臟

我曾經跟一位也是做連鎖店的老闆聊天，我們聊到創業當老闆有什麼好處時，老闆開玩笑的說：「除了每天可以睡到自然醒再去上班之外，其他沒有任何好處。」這雖然是句玩笑話，但好像也真正戳到痛點，等你真正做了老闆，就會發現其實在老闆光鮮亮麗的外表下，隱藏著無數個有形或無形的壓力與傷疤。

以一家餐廳來舉例，即使一家評價高、生意好的餐廳，在不同階段也會面臨不同問題，在創業初期，會擔心沒有客人來店裡用餐，導致無法支付店內員工的開

銷；在創業中期，客源稍微穩定之後，就會希望店內提供的餐點品項能更多樣化、精緻性得以提高，讓顧客來用餐能有物超所值的感覺；直到現在，如此用心經營了好幾年，成為高朋滿座的人氣餐廳後，便開始擔心餐點品質、擺盤、出餐速度等等有沒有到位，同時必須確保外場的服務、環境整潔以及會員的經營有沒有確實執行，最重要的是要想盡辦法留住好的員工，這樣才能在現階段更準確的去落實我原先的經營理念。

　　每一位老闆在每一個階段，都必須面對不同的壓力及考驗，做老闆幾乎都是二十四小時待命，隨時要處理突如其來的各種狀況，看似輕鬆沒事做，但是事實就是沒有真正所謂的休息時間，因為你只要一放鬆，隨時有可能被對手超越，所以在創業成為老闆之前，一定要認清自己的個性及能力，這邊的能力不是指你有多麼厲害，而是你對創業有多大的決心跟想要成功的慾望，思考自己能不能在面對排山倒海而來的挑戰時，能夠拿出最大的智慧、勇氣及力量，勇敢的去面對這些問題，小至水管不通馬桶漏水，大至人員流動、經營方向等等，所有的問

題，做老闆的都要概括承受一切的壓力，如何調適好自己的心態，用正面的態度去解決問題，這是一個成功的老闆必須擁有的強大心理素質，也才有辦法去面對瞬息萬變的市場，適時做出最好的調整。

第二節 創業三元素

　　思考完以上這些問題後，接下來歐巴來跟你聊聊你的性格適不適合創業。

　　創業前諸多準備的工作中，心態的調適對於創業初期的老闆來說，更是首要的工作，我把心態分為幹勁、衝勁、傻勁三個階段，我稱他們為「創業三元素」。

　　以最白話的方式來說，幹勁就是你對創業的熱情，衝勁就是你對創業的決心，而傻勁就是你對創業這件事的堅持，要創業成功三個元素缺一不可。

　　用一個實際案例來分享創業三元素。我曾經協助過一位賣鹹酥雞的老闆，他的鹹酥雞口味非常好吃，在創業初期，只會做好吃的產品卻不懂行銷，在網路資訊還沒有這麼發達的時代，生意一直都平平淡淡，經營確實不容易，忙了一整天可能只有幾百元的營業額，過生活都不夠，但是老闆卻沒有忘記初心，幹勁十足，有著對創業的熱愛及想要把好的產品提供給顧客的堅持，即使生意不好，還是堅持每日換油、不計成本地的維持每日最新鮮的食材，保有最初對食物的熱情及對客戶的尊重，漸漸

的，這家小店因為好口味及穩定的品質，在顧客間口耳相傳下漸漸做出口碑，現在已成為一家小有名氣的鹹酥雞店，每天一到營業時間總是有絡繹不絕的排隊人潮。除了從開店第一天開始，無論生意好壞每天一定堅持更換新油，讓你無論何時都能吃到炸成金黃色酥脆的鹹酥雞。

除了對口味及炸油品質上的堅持，而得到顧客的認同，在業績持續穩定成長後更沒有因此停下腳步，在裝潢上將店面重新布置成現代流行的文青風格，在口味上更是引進了當時少有的脫油機，在美味的炸物出爐後，多了一道脫油的程序，讓顧客吃到的食物更美味更健康。這些步驟看似簡單，但是卻很少有店家能夠真正做到，假設在創業初期，老闆因為生意不好，失去了幹勁，放棄了對開店的堅持，使用不新鮮的食材、好幾天的回鍋油，導致炸物的品質不好、口味不好，顧客吃到絕對不會再給你一次機會，持續經營下去惡性循環，最後只能關門大吉。

老闆的幹勁來自於顧客的讚美，來自於家人的鼓勵，老闆的幹勁除了對產品品質一貫的堅持之外，對創業的熱情也從未改變。從很多小地方都可以看出老闆對

店裡的用心，每天打烊後的清潔整理，總是親力親為，不管再累、再辛苦，店裡面總是保持一塵不染，廚房乾乾淨淨，大大小小的鍋碗瓢盆，絕對洗得亮晶晶才能休息，一點也不馬虎。這些細節其實都看在顧客的眼裡，無形的幫店內大大加分，更凸顯了老闆在經營品牌想把品質頂在高處的決心。

只因為一個讓顧客確信「這家店不會讓我撲空」的想法，即使生意很好每天大排長龍，老闆還是堅持天天親自開店，每個月固定公休兩天，創業到現在五年的時間，即使是颱風天、即使今天身體不舒服、即使是女兒的生日、即使是結婚紀念日、只要不是公休日老闆絕對準時開店，這樣的傻勁一般人應該都無法堅持，更別說剛始創業的撞牆期，老闆撐過了創業初期的煎熬，讓客戶從內心感受到了這家店的價值，不僅維持食物的新鮮美味，不斷的創新、堅持，以及維持一貫的品質，讓一家沒有座位的小店，慢慢躍身成為超人氣的排隊名店。不去打基石就不會有高樓！老闆完美演繹創業三元素，而成為創業成功的勝利方程式。

第三節 創業前必須融會貫通的金玉良言

　　國中英文課本中有兩句諺語，成為我在創業路程當中的金玉良言。

1. 說是一回事，做又是另一回事

To say is one thing, to do is another.

　　創業不是一個名詞、不是一個形容詞，而是一個動詞。但很多想要創業的朋友並不了解當中的含意，光用想的是沒辦法創業的，必須要下定決心跳出現在的舒適圈，才能跨出創業的第一步。

　　我有一個朋友，成天都說想要開手搖飲專賣店，看到我開了很多家成功的店，也希望可以加盟一家我的店自己當老闆。一頭熱的朋友不久後就在競爭激烈的信義區看到了一個黃金店面，他滿是興奮的跟我說，他住在這條街一輩子了，這個店面絕對可以做，開店後生意絕對火爆，之後我約了房東細節評估店面狀態與租金，也跟房

東達成共識，但就在最後要準備簽約的階段，朋友居然臨陣退縮，說要再看看有沒有更好的店面，兩天以後，朋友想了想這個店面還是最適合，準備好要去簽約，結果在朋友退縮的隔天另一組客人看完就立馬簽約了。新的業主同樣是開手搖飲，果真一開店就生意火爆，朋友不懷好氣的跟我說，你看，我就說這個位置生意會很好吧，我心裡在想，機會不等人，好店面同樣不等人，店面如此，創業也是如此，一旦錯過，機會不再。

在大學的時候，有幾個女同學住在台中，很愛逛逢甲夜市，尤其愛買飾品耳環。每一次去逛回來都跟我說，想要請我帶他們去台北後火車站批發首飾耳環去逢甲賣，他們異口同聲的說，一副耳環批價一百元，到了逢甲夜市裡可以賣到兩百九十元，以我們的叫賣推銷，一個晚上賣個一百對絕對不是問題，他們甚至跟我說，已經看上夜市口的一面牆，在人潮最集中的地方，租金都談好了，就差開始擺攤賺錢。聽起來煞有其事，但是最後還是無疾而終。

很多人說得一嘴好創業，但是行動力卻是零。創業

終究也只是空想。

2. 坐而言不如起而行

Actions speak louder than words.

坐而言不如起而行，這句話誰都知道，但如果套用在創業這件事上，有多少人能夠真正做到呢？當你腦中開始有想法，你就必須要去行動，做，不一定會成功，但不做就永遠沒有希望。許多人創業選擇加盟，是因為加盟總部會在背後支持你，做你的後盾，用總部加盟的經驗，減少創業時會犯的錯誤，避免承受失敗遭受的打擊，減少你在創業這條路上的艱辛與挫折，這個道理你知我知，但不開始做，一切也都是空談。

3. 推波助瀾的信心

綜合以上幾點，你是否能夠評估自己目前的狀況適不適合創業呢？如果你告訴自己，我是適合創業的，恭喜你，你已經跨出了創業的第一步，你至少有一個明確的想法及信念覺得自己會成功，並朝著訂定的目標去執

行，那在開始執行的過程中，你的正向氣場就會吸引很多貴人來幫助你。但是如果你還是懷疑自己，覺得風險很大，還沒有準備好，那我告訴你，創業從來沒有準備好的那一天，所以你也絕對不會開始創業這個動作。

如果理解創業三元素的本質，還願意親力親為的創業，那代表你明明知道創業的路程中你會有壓力會有阻礙，你還是願意堅持，願意保持創業的初衷，那你的模式就會轉變成創業腦，就會把握當下，讓機會不從你的手中流逝。有時候創業需要有人推你一把，把你推向跑道開始向前跑，剛開始跑很辛苦，但是相信我，跑著跑著就順了，最怕的是你不願意開始跑，或是在跑道上一直覺得自己會摔倒，想要放棄這個比賽。不跑到最後，沒有人知道你是不是最後的贏家。

店面租了嗎？貸款貸了嗎？訂金付了嗎？你的心態是不是真的已經準備好，把整個人最好的身心狀態，進入創業的氛圍中。當你有著只許成功不許失敗的強烈意念，那接下來，你將會進入創業更深層的心理層面。

我想說的是，我並沒有比你厲害，在我的家族裡沒

有人做過生意，我的父母都是領死薪水的公務人員，所以在創業的初期，我是最沒有餐飲資源的那一個人。在這樣的情況之下，我只是把握我的人脈，善用我的運氣，付出比一般人多的努力，這樣的我能夠成功，相信真的有心想創業的你一定也可以成功。

運氣就是貴人，貴人──就是在創業的路上，拉了你一把或是把你往前推的那個人，在你說「我不敢」的時候給你信心、在你迷惘失去方向時支持你的人，幫助你朝正確方向邁開腳步。假設你想要開一家麵包店，卻不知如何開始，這時出現了你的貴人，你覺得他是直接拿最好的麵包給你賣？還是開始一步步教你做出好吃的麵包？前者指的就是加盟，當你把別人做好的麵包拿去賣，賺取的就是複製成功模式的利益，後者則是從基層開始創業，需要堅持、需要時間，更需要相對的運氣成分。兩者同樣可以獲得成功，只是看你適合怎麼樣的創業模式。最後提醒有創業想法的你，萬事起頭難，創業沒有完全準備充足的一天，唯有行動力才是創業開始的起

點。創業沒有回頭路，只能勇往直前，披荊斬棘的朝向成功的目標邁進，最重要的還是要保持創業的初衷。

泰瑪式加盟展

藍棧加盟展

連鎖加盟展獲獎總部

第四節 何時是創業的最佳時機點

　　我最常被問到的問題就是，什麼時機點才是創業最好的時機？在什麼樣的情況下創業，失敗的風險最低？用什麼方式可以評估我現在是否已經準備好創業這件事情？

　　歐巴以我這 20 多年的創業經驗，歸類出下面四種情況，來判定你目前創業的可能性。

　　1. 當你觀察最近大環境的狀況，反覆思考之後，覺得目前只有創業是現在最好的選擇。

　　2. 最近在你腦中常常會浮現你創業成功的畫面，而且這個畫面是你清晰的知道自己在做什麼，因而得到了巨大的成就感。

　　3. 你非常確定這輩子你一定至少會創業一次，完成自己的夢想，就算現在不創業以後也一定會創業。

4. 在還沒開始創業之前，你已經有心理建設，假設在創業的過程當中，因為一些不可抗力的因素或是個人因素等等，最後失敗了，但你卻一點都不會覺得可惜，還是很享受整個創業過程中帶給你的成就感，以及學習到豐富的經驗。

以上四點如果你在創業之前就已經想通，基本上創業這件事情對你來說就是遲早的事情。創業不易，但真的要說難，好像也沒有你想像的這麼難，最重要的是你能保持當初想要創業的初衷，正向思考無愧於自己，那這個時機點就是我建議創業的最好時機。

第五節 人脈扮演創業前最重要的角色

1. 誰是你創業的貴人？

在創業之前有一項必修的功課，就是人脈的累積，這是創業成功一個很重要的關鍵。很多人也許是一面之緣，但是說不上哪一天有可能會變成能夠幫助你的貴人。我不是教你去巴結每一個認識的人，但是每一個人多少都會跟你的生活圈產生連結，真的說不準哪一天會派上用場。只是一個提醒或一個建議，或是隨口的一句話，都有可能有機會讓你在創業這條路上得到啟發，有了正確的方向就能事半功倍，就像如果你在小學遇到一位好的導師，在學習的過程中得到啟發，也許就能讓你往後在國中、高中、大學甚至出社會後的過程中較為順遂。反之，如果遇到不好的導師，可能就會改變你之後學習的意願。方向對了，什麼就都對了。時間是公平的，但是遇到的人不同，就會有不同的際遇，最終的結果也會全然不同，所以我們更要珍惜能在各個場合遇到各種不

同領域的人，把握機會去認識對的人，在創業的路上絕對會有超乎你想像的效果。善用你的人脈，這些人跟你是不同的領域，也都是你很好的資源，畢竟人脈就是錢脈，人脈夠廣基本上在起跑點就已經先贏別人一大步了。

創業還有很重要的一點，就是擁有「共好」的心態，當你接觸的人越多、層面越廣，你會發現，越高端、越有教養的人，大多都會相互支持、互助發展，因為自己好了，大家都會一起很好！而越低端，層次越低的人，越是喜歡詆毀忌妒、相互拆台、彼此鄙視，因為在他的觀念中，自己不好，別人也別想過得很好。沒見過世面的人，最不能容忍別人知道的比自己多，沒有能力的人，最見不得別人平步青雲，從不努力的人，總是猜疑別人的成功是用旁門左道或者是靠運氣，總歸而言，層次越低，越見不得別人比自己好。唯有共好的心態，才能讓你能夠真正使用你的人脈獲得成功。

2. 員工是創業最重要的資產

正如標題白話易懂，員工就是在創業過程中最重要的

環節之一，員工的優劣關係到一家店的成敗，沒有好員工就像盤子沒有洗乾淨一樣，最基本的環節都做不好，又如何能獲得成功呢？

好的員工帶你上天堂！

以一間餐廳來說，員工分為外場服務人員跟內場服

務人員。內場就是廚房人員也就是餐廳餐點的核心，如果內場人手不夠或訓練不足，在繁忙的尖峰餐期，不但沒辦法兼顧好餐點的品質，出餐的速度也會變慢，連帶影響整個餐廳的效能及翻桌率。對餐廳來說，食物的美味絕對是貫穿整家餐廳的命脈，就算一位廚師廚藝高超有三頭六臂，如果沒有幫手，依然沒辦法完成精緻美味的餐點。廚房的工作工時長、壓力大，在這種高壓的環境工作，假設在缺工的情況下，內場人員一個人要做兩個人的工作，又沒辦法好好休息跟正常休假，即使是再有熱情的人也無法久留。在這樣的惡性循環之下，食材的新鮮、餐點的口味、出餐的速度、精緻的擺盤都會大打折扣。假設內場餐點沒有問題，外場的服務沒有到位出狀況，結果也是一樣。外場人員，從客人進門開始接待、介紹餐點、點餐、送餐、桌邊服務及清潔一直到客人結帳離開店內，一系列的服務流程，同樣也需要足夠的人力，才有可能維持在一定的服務水準，帶給客人愉快的用餐體驗。假設一樣遇到缺工的問題，一位服務員本來平均只需服務三桌客人，被迫增加到需要服務六桌客

人，服務品質當然會大大下滑，客訴及負評的情況就會接連發生，餐廳內的職場氣氛及員工壓力變大，這時，抗壓性較低的員工就會選擇離職。客人都是現實的，只要任何環節出錯，他們絕對不會給你第二次機會，所以不管是外場服務的態度跟專業或是內場餐點的口味跟品質，如果沒有把人的因素處理好，再紅的店終究也只能走向收店一途。

這兩年疫情肆虐，幾乎各行各業都受到莫大的衝擊，餐飲業尤其嚴重，飲料店本來就以外帶為主，影響程度不大，但若是論及主打內用的餐廳來說，禁止內用大幅度的影響了餐廳的營業額，很多餐廳包括大型的連鎖餐飲都抵擋不了這波來勢洶洶的疫情，紛紛閉門收店，但依然有少數不願向疫情屈服的店家，在這波疫情中突破重圍，不能說這些餐廳這樣能賺多少錢，應該說這些餐廳能否在這波疫情中活下去，而我經營的餐廳就是在這波疫情中倖存下來的少數店家。雖然我有二十年左右的餐飲經驗，但疫情來得又急又快，要維持餐廳的營運真的非常辛苦，在不願意向疫情低頭、想繼續維持店內營運的想

法下，我毅然決然的決定在最短的時間內，將店內義大利麵、燉飯、披薩等商品製作成冷凍真空包來販售，雖然因為製作真空包必須添購很多額外的機器設備，但也因為有立即作出這樣的改變，才得以勉強維持營運。

考量到大多數員工的收入來源只有現在這份工作，在疫情期間我不但沒有讓任何員工放到無薪假，反而反向思考，積極徵人，希望在疫情客源減少的期間，能夠更有效率的訓練員工，把這些投資成本當作前期的員工訓練，讓新進員工可以踏實的打好基礎，在職員工也可以增加訓練熟悉度，就能蓄勢待發的等待疫情趨緩、顧客回流，讓大家得以大展長才。

直至後來疫情趨緩，真正需要人才的時候，這些我培養的人才反而將了我一軍。

這些都是我實際遇到的狀況，當然也很有可能會發生在你的身上。

A. 有位新應徵內場的廚師，三個月後提出了離職，他明確的告知我離職原因，他很感激我這三個月以來的照顧跟栽培，但他的目標是進入大型連鎖企業工作，只是

因為疫情期間大企業都沒有徵人需求，所以他看到我在徵人就來應徵，因為不僅可以先在我這邊學技術，還可以順便領薪水，一舉兩得。

　　B. 另外一位新進的外場服務人員同樣在這個時間點提出離職，原因更讓我吃驚，原來他是應屆畢業生，本來就沒有想從事餐飲相關的行業，覺得餐飲業錢少又辛苦，但是因為得知政府有一項補助，應屆畢業生只要立即就業滿三個月，就能得到三萬元的補助，所以只好勉強自己「委屈」的在店裡工作滿三個月，反正疫情期間也不會很忙。

　　有時候真心對待員工，替他們著想，換來的卻是員工的絕情，在一次又一次應徵的過程中，總會有來偷學學會皮毛就會馬上離職的員工，當然也會應徵到真正喜歡餐飲業，想要留下來從頭學習的員工。所以我還是一直保持信任每個員工的態度，毫無保留的將我的經驗分享出來。因為我認為人都是互相的，一間公司如果大多數都是思考正向又積極的員工，同事之間就會互相感染，大家會一起努力，合作學習並且成長，這樣才適用於人才

的培養，反之不對的人反而會消耗正向能量，劣幣驅逐良幣，惡性循環陷入無止境的輪迴。現今大多數員工只要攸關自身利益就會特別的斤斤計較，相較之下，以前的員工，由於物質條件匱乏，他們通常都是自驅型的，渴望成長，希望上司能夠給他機會、給他指點，因此我也才會說，「無法帶人帶心」就是現在餐飲業的現實，這也讓我學到了當老闆寶貴的一課。員工是店內最重要的資產，如何找到好的員工並且留住員工？如何讓員工們向心力強，同時具備歸屬感和責任心？這絕對是讓一家餐廳能正常營運最重要且最不能忽視的一個環節。

最後，不要害怕改變員工的現狀。因為員工的現狀會因為一個人而影響到全部的人，就像癌症病毒一樣的蔓延，會影響到其他正常員工的向心力，如果有不對的員工一直在店裡面作威作福，那你就算應徵進來好的員工也待不久，如此惡性循環，你會越來越管不動店裡面的事物，也越來越叫不動這些員工替你做事，發現可以改進的狀況也沒有辦法立即地改進。短期之內可能看不到傷害

跟影響，但是這個傷害就像癌症一樣，等哪一天爆發員工出走潮時，你會措手不及而一發不可收拾。好的員工可遇不可求，最重要的是員工能夠待在店裡面的時間更能夠開心舒服，畢竟服務業是工時很長的工作，如果環境還有潛在的壓力存在，真的很容易換工作或放棄，可能花了很多的時間精力金錢在培養一個新人，結果因為不對的員工、不當的環境，可能兩個月之後這個培養的新人就要離開，這樣真的又浪費時間又浪費金錢，最重要的會影響到整個店裡面的士氣及氣氛。相對的，如果提供一個好的友善的工作環境，不是說給多少的福利或者是加多少的薪水，而是你在工作的這個環境是舒服的，是沒有壓力的，是有機會晉升有機會學習，這樣員工才會慢慢地培養向心力，在能夠學習的環境之下跟著店裡面一起成長，自然就不會離職，等於魚幫水水幫魚，當然員工的變動變少了，餐點品質穩定，服務有經驗有熱誠，生意當然會越來越好，生意好店裡面有賺錢，自然薪資就可以提升，獎金就可以發放，這樣相輔相成，在一個舒適的環境又可以得到比外面更高的薪資，這才是老闆跟員工達到一個雙贏的平衡。

第六節 創業前要有隨時跟進，不怕改變的變通性

創業千萬不要害怕改變，除非你能夠百年不變，大多數人想創業的原因其實都大同小異，無非就是為了改變現狀，追求更好的生活品質。這應該是你創業的願景跟目標，應該沒有人例外，但是你想要過更好的生活，就像你想要考更好的學校、想做更好的工作、想要有更好的收入，你就勢必要花更多的努力在別人看不到的地方，做自我的提升。

舉例來說，那些有歷史的百年老店，它維持現狀能不能繼續經營？答案是——當然可以！可是有些業主選擇了我們常聽見的所謂的「老店翻新」，把原本髒髒舊舊的店面重新整頓好後重新開業，不僅能給顧客煥然一新的感覺，店內的環境也變得明亮整潔，前台後台也都變得乾淨許多，我相信這樣就不只有原本的老顧客會來光顧了，必定會吸引更多年輕人的目光，這就是改變的動力。

【老店翻新實例】

2005 藍棧咖啡南港創始店

2017 藍棧咖啡二代店 / 加盟教育中心

2005 藍棧咖啡內用空間

2017 藍棧咖啡二代店內用空間

而以往的傳統行銷方式，也演變成現在正夯的自媒體設定、網路行銷推播等等的置入型行銷，這樣的改變也許好、也許不好，也許對，也許不對。但是你跟我都無法預知明天會不會又突然出現新型的病毒，讓我們都被迫停業，所以要用盡各種方式去宣傳去曝光，想辦法存活下去，還活著才有翻轉的可能性。創業當老闆就是要接受市場、社會隨時都在改變這件事情，這是你在創業開店前就應該要做好的心理準備，創業絕對不會永遠順遂，換句話說，在創業當中，挫折與考驗就像海浪般一波波襲捲而來，而且不會有停止的一天，只有浪大浪小及頻率的問題。而你必須用賈伯斯的智慧和綠巨人浩克的力量、梁靜茹的勇氣，無所畏懼的去面對所有的挑戰，克服所有的問題，才有機會獲得最後的成功。

　　創業不像買彩票，不會一蹴即成，像我個人不喜歡樂透這種東西，就算哪天真的中獎了，那也全都不是屬於我的，或許當下會興奮的覺得很幸運竟然中獎了，但後續侵襲而來的絕對會是一股莫名的空虛感，只有一步一

腳印的循序漸進，腳踏實地的去完成每一個步驟，才能讓一個人打從心底的覺得踏實，唯有隨時保持進步的心態，才能夠在這條路上繼續前行，不被時代淘汰。

　　如果這些創業前需要做的準備，你都能心神領悟並且能融會貫通，我相信你就具備了成功創業者的特質，相信你一定能擺脫日常上班族的枷鎖，擁有自己更高的理想，實現心中最深層創業的老闆的渴望。而且不瞞你說，當你在創業這方面獲得成功後，你獲得了成就感，信心必定會大增，對生活的一切會更充滿動力，而這正是大家人生中都夢寐以求的美好的循環。

第二章╱創業後會遇到的問題

　　第二階段開始，歐巴會以我自己經營餐廳為做為範例，用老闆經營一家餐廳的角度，去解讀餐飲業創業可能會遇到的種種問題，而在文中提出的各種案例，都是實際發生，親身經歷的體驗，同時也用這樣的案例，套用在各式餐飲可能會發生的種種問題上，得到最有效的解答。

第一節　斤斤計較，讓你起笑

1. 客訴處理

　　開店做生意，會遇到千百種不同的客戶，你當然無法讓每位顧客都滿意，更無法預知顧客對商品品質、口味、CP 值等等的評價，不過既然開了店，抓住一個重

點，就是確保每一位顧客進來你的店，用餐完畢後都能夠開開心心的離開。當遇到客訴時，應當「以一個老闆的高度來看事情，而不是以一個員工的心態來處理事情」。

舉幾個例子來說，假如有一天一位客人告訴你他覺得你店裡的義大利麵的口味太重、太鹹，這時如果你以一位員工的角度看待這件事，只會覺得「每一份餐點都是固定的料理配方，每個人都沒有問題，為什麼就只有你有問題？」當產生這樣的想法，當然就不會用心去處理問題，用敷衍了事的態度處理事情，顧客當然也感受不到你的誠意，那等於沒有處理。倘若你是以一個老闆的高度去看待此事，面對客訴的第一步，你必須學會虛心接受批評與指教，以包容且有度量的態度去處理或是向顧客表達你的想法，最後給出雙方達成共識的解決方案，整件事不單單只是處理客訴的問題，而是讓顧客感受到店家面對問題處理事情的態度，才能把問題的根本排除！就這個客訴例子來說，店家應當聆聽且接受顧客對於這份義大利麵的評價，雖然說每個人的口味不同，確實不合顧

客口味這件事也不全然是你的錯，但是你可以告訴他，如果希望口味稍微清淡些，可以在點餐時告知服務人員，這就是很好的解決方案，而不是一副「阿我們的口味就是這樣」的態度，再者，我認為跟顧客道謝是緩和氣氛的大功臣，你可以對顧客說「謝謝您的反饋及建議，讓我們能有持續進步的空間，讓我重新再幫您做一份符合您要求的餐點，希望能達到您的要求」，這樣的回答會讓顧客感受到他的問題是被重視的，他的反饋是重要的。店家以顧客為優先、重視問題並且積極處理，相信最後絕大多數的客戶都會滿意的離開你的餐廳，最後千萬別忘了你的邀請，記得對顧客說聲「謝謝你今天的蒞臨、歡迎您下次再來用餐、期待您下次光臨！」。讓你的顧客賓至如歸。

2. 吃虧就是占便宜

這一點其實就是前述顧客用餐感受的延伸，當顧客在用餐時，店家可以貼心額外招待一些小點心，例如炸雞塊、炸薯條，或是招待一杯招牌飲品，你可能會問我，

為什麼要免費招待？這樣不是很虧嗎？他自己點就好啦？其實招待小點心或是飲料，可以藉由製作餐點等待的過程中，跟顧客寒暄聊天互動，拉近店家與顧客的距離，不但讓顧客覺得親切，更有被重視的感覺，因為對這間店的好感，顧客願意把餐廳主動分享給親朋好友，下次三五成群，一同前往。只是一個小小的動作，卻能像滾雪球一般，對餐廳無非是最好的口碑行銷。

3. 省這個省那個，讓你三振出局

大家都知道開一家餐廳，最基本的概念就是開源節流，賺進來的錢越多，花出去的錢越少，餐廳的利潤就越高，這是一個很簡單的概念，但如果矯枉過正，該省的省，不該省的也省，反而會造成反效果。我有個朋友，在市中心的黃金地帶開了一家高質感的義大利餐廳，餐點中高價位，裝潢高檔餐點品質都在水準之上，我也常到他店裡去用餐，但是在店內用餐的過程中，我發現水杯跟餐具因為店家生意很好，在長期使用之下，已經出現了細微刮花的痕跡；桌上的玻璃水壺很漂亮，但

是玻璃瓶上的塑膠蓋卻缺了一個角；店內制服襯衫的顏色是很特別的莫蘭迪藍，在襯衫鈕扣的內裡還加上一條特別的金邊，非常有質感，但我也發現，並不是每一個員工都穿著一樣的制服，甚至有只穿黑色 T 恤的工讀生，在用餐過程中，偶爾看見內場的廚師出來上廁所，廚師服上也都沾滿了油污。以這家餐廳為例，餐廳用的刀叉，因為生意好加上每天不斷地使用跟清洗，久而久之一定會產生刮痕，這些餐具用不壞，但是用久了卻很不美觀，餐具上的刮痕也很容易滋生細菌，造成衛生上面的疑慮，所以建議餐具需要定期汰換。服務人員的制服跟內場廚師的廚師服，是餐廳最容易忽視的細節，我認為制服是一間店的靈魂，代表一間餐廳服務的一致性及給顧客的專業感受，但我發現，大多數餐廳廚師穿著的廚師服，通常都不是乾淨的，因為廚師工作的區域在廚房，是顧客不會直接接觸的地方，衣服的污漬理所當然地被忽視而不去做替換，但是在生意很好忙不過來的情況，廚房人員有時也需要親自幫忙送餐，又或是像我所遇到，廚房人員上廁所等等的情況，這時候顧客就會看到廚師服

上的污漬，即使餐點再好吃，顧客不免聯想到餐點衛生的問題，當然也會對餐廳的評價大打折扣。外場人員制服的問題，我猜想可能因為員工來來去去，制服經常替換，加上制服又是特別的訂製的顏色，製作時間長單價又高，所以店家退而求其次，選擇以同樣顏色的衣服來代替，結果造成外場人員制服不同樣式的情況發生，這對我而言是大大扣分，其實店內制服只要乾淨整潔一致就好，如果要增加質感，可以印上或繡上店內的 Logo，但千萬不要選擇特殊材質或顏色的衣服，因為在未來的製作上會發生很大的問題增加更多成本。小細節大關鍵，上述這些問題，其實只要花一點小錢更換制服和餐具就可以解決，但是店家卻為了省下這些小錢，反而失去顧客對店內的好感與正面評價，絕對是得不償失的一件事。

另外在開店初期，很多店家常常會因為資金不足，或是想節省開店成本，而添購二手設備使用。想要節省成本是沒有錯的，初期創業先添購二手設備，之後有獲利再添購新的設備。節省成本購買二手設備的本意是好

的，但是購買之後，有可能需要花更多時間和精力去處理二手設備維修的問題，不但花時間、花精力、花錢，更有可以耽擱了產品本來設定的研發及行銷的方案。所以歐巴建議，在創業初期，就應該把時間和精力投資在產品的研發與製作上，二手設備的不確定性，常常會讓你用到一半或是根本還沒開始使用就出現問題，你就得花更多的心力去解決，這樣真的得不償失，全新的設備雖然價格較高，但是通常都有一年以上的保固，有問題廠商也可以馬上排除，這樣無後顧之憂，你才能專心在產品本身及其他的行銷方面。二手設備還有一個很大的缺點，就是常常是你要配合它的尺寸，為了便宜，需要配合二手設備的尺寸，反而會讓餐廳或是吧台的動線不順，為了配合二手設備而調整店內動線，到最後導致產能不佳、操作不順，還得再重新設定，不但花費更多的時間還浪費了很多金錢。

　　講了那麼多，什麼可以省什麼不該省，相信聰明的老闆看完一定有所領悟。

第二節 時間的累積會證明一切

1. 你努力的一切都不會白費

　　當你經營一家門店久了，你會發現有很多好的反饋，會漸漸浮出水面幫助到你，而這些事情，其實都是你從一開始開店時，一點一滴慢慢累積出來的成果，無論是店內的 SOP、服務的品質、員工之間的默契，到最後是消費者的回饋，你會發現你先前的努力，如實造就了今日的景況，並且維持著一個良好的循環。例如顧客給餐廳 GOOGLE MAP 的評價、顧客介紹顧客回購的口碑行銷、顧客願意購買店內的儲值餐券、或是有大型的聚會活動，優先想到你的店家等等。所以，堅持做對的事情，而且持續不斷努力去做，也許剛開始沒有太大的感受或是實質的回饋，但是久而久之你累積的所有能量都會陸續爆發出來。

2. 事關重要的餐廳清潔

　　你可能會覺得，一家餐廳必須整潔乾淨不是最基本

的嗎？這個誰不知道？但是卻有 80% 以上的店家，做不到「乾」跟「淨」這兩件最基本的事情。假設你今天去一家高級餐廳用餐，廁所雖然不至於髒亂，但洗手臺跟地板都有水漬，或是你一入座，發現桌面是濕的，桌上的杯子是濕的、餐具是濕的，這不代表不乾淨，但是對於用餐的整體觀感就會造成很大的差異性。所以每當我到一家餐廳用餐，除了享受美食、感受餐廳氛圍之外，我會仔細觀察店內環境的清潔度，像是桌上有無油垢、菜渣殘留，以及燈罩、角落、地板有無灰塵堆積或蜘蛛網纏繞，餐廳的整潔，也包含了餐具及餐盤的清潔度，如果連最基本的餐具都不乾淨，那要我如何相信店家在製作餐點的過程中是衛生的呢？餐廳的廁所絕對是觀察的重點之一，其實不需要過多的裝潢，只需要有最基本的功能即可，但洗手臺跟地板一定要符合我所強調的乾與淨，衛生紙、擦手紙、洗手乳也需補足，營運中服務人員有沒有定時去巡視與清潔，就能明顯的感受到店家用心的程度。

　　餐飲衛生與食品安全息息相關，若想經營好一家餐

廳，環境衛生絕對排在第一順位，環境衛生是整家店的命脈，同時也會直接關係到消費者用餐的感受，顧客的感受會進而影響到整間餐廳的口碑與評價，而這些評價，當然就影響到了來客數及營業額。餐廳不論規模大小，乾淨衛生是基礎，服務是靈魂，餐點是生命，這些經營餐廳關鍵因素都做到位，才能讓顧客安心用餐，開心買單。

3. 隨時關心時事、你周遭的事

你不需要成為世界通，但你需要本土化。天下大事你無能為力，了解周遭生活的大小事，對你的經營才會有實質的幫助，因為你周遭每天發生的時事，才是跟顧客連結最好的互動。舉兩個例子，還記得不久前日本壽司品牌壽司郎的鮭魚之亂嗎？店家的一個促銷活動，標榜名字裡只要有鮭魚兩個字，就可以在店內免費吃壽司，一推出就造成廣大消費者的轟動，真的有人為了吃免費的壽司因此跑去改名，新聞媒體大肆報導，讓壽司郎不但賺到了聲浪，同時也賺到了流量。另外在台北有

一間咖啡廳，老闆在思考，同樣都是賣咖啡，要怎麼樣才能在眾多品牌當中異軍突起？於是老闆突發奇想，在外帶咖啡紙杯上，隨手寫上幾句話跟買咖啡的顧客互動，文字的內容大多與當下的時事有關，店家在文字中用詼諧的方式嘲諷這個社會甚至調侃自己，意外造成消費者廣大的共鳴，在網路上迅速爆紅，大家都期待咖啡杯上的每日金句，短短幾句話，卻療癒了無數苦悶的心靈，還有出版社將咖啡杯上的每日金句集結成冊，出書販售。

4. 提升用餐的附加價值

　　天使藏在服務裡，魔鬼藏在細節裡，在經營餐廳的過程之中，經營者如果能在每個細節中多用心，顧客必定都看在眼裡記在心裡，即使當下沒有當面對你表達，但是，他們一定會用其他的方式反饋給你，例如給你的 GOOGLE MAP 地圖店家的五星評價，或是在自己社群的帳號或部落格幫你宣傳。最重要的是你能讓顧客在消費的當下感受到店家的貼心及溫暖，這些長年累積下來的能

量，爆發的威力可能比原子彈還要強。

至於店家需要注意什麼細節？怎麼做才能打動顧客的心？我提供幾個大多數餐廳都沒有注意到的小細節，如果你可以做到，不但讓顧客備感貼心，更有機會直接提升店內的評價及收入。

你可以在店廁所放置衛生紙的旁邊增加一個小盒子，額外提供免費的衛生棉、濕紙巾、牙籤、牙線等等的物品給顧客使用，更進階你還可以提供小孩子的尿布，在洗手台提供有品牌的高級洗手乳，小小的投資，卻是提升顧客對店家的觀感及態度。在廁所放置好聞的薰香，或是布置一盆香水百合的花盆，提升整體的環境的附加價值。

你有曾經在餐廳用餐，卻被一旁用餐的小朋友影響的經驗嗎？如果店家挪出空間增設兒童遊戲室，讓小朋友有地方放電，這就是餐廳最好的附加價值，如果沒辦法，也可以用其他方式俘獲小朋友的心，像是店內增設兒童餐，店家提供免費小玩具贈送給用餐的小朋友，「你

只要自己乖乖吃飯，就可以拿到玩具喔」，九成以上的小朋友都會遵守約定，乖乖吃完，其他用餐的客人受到小朋友的干擾也大大降低。

藍爵兒童遊戲區

搞定小朋友就等於搞定他的父母。當你送了一個免費的小玩具，讓小朋友自動自發的吃完一頓飯，你等於幫父母親們搞定了他們最大的困擾與用餐最在乎的事情，或許父母本來只打算快速簡單吃個義大利麵，迅速填飽肚子就好，但是因為店家幫父母解決了小朋友吃的問題，家長賺到悠閒的一個小時，可以好好地享用餐點，享受一下久違的約會時光。本來只是簡單快速的用餐，變成點購有儀式感的排餐或較高單價的商品，用餐完畢還有時間可以坐著聊聊天，加點一杯香醇的咖啡跟美味的甜點來做為此次用餐美好的 ENDING。這次的用餐體驗，父母可以優雅的享受美味的餐點，得到身心的放鬆，當小朋友指定下次還要來店家用餐，父母絕對是開心又爽快的答應。

最後溫馨的提醒，如果你遇到的是需要兒童座椅的小小孩，請務必在兒童座椅搬到位置後，親自在家長面前噴灑酒精擦拭消毒，這樣一個舉手之勞的小動作，絕對會讓顧客感受到店家的用心。在後疫情時代，基本的消毒防疫還是不可缺少，尤其是對抵抗力較低的小小孩來

說，切實消毒更是重要，店家這樣的舉動，父母親不但不需要自己動手，更不用擔心清潔的問題，用餐前的感受就大大加分。

藍爵行銷活動

最後是我稱之為「貼心促銷」的行銷方式，你可以在特別的節日裡為你的店設計特別的活動，例如母親節你可以推出平時沒有供應的母親節套餐，萬聖節你可以裝飾幾顆南瓜燈，提供應景的餐點，聖誕節你可以布置閃爍的小燈，擺放聖誕樹、掛聖誕襪等等，在聖誕節當天前往用餐的每一個顧客都可以獲得一份小禮物或是小點心等等的特別活動。這樣的行銷方式適用在一年當中的各種節日及值得被慶祝的特別日子，客製化，獨一無二，專屬於你的店內活動，也是店家經營的一大賣點。例如生日當天到店內慶生的壽星，可以免費獲得店家贈送的蛋糕，蛋糕上寫上壽星的名字並點上生日蠟燭，全店的服務員一起幫你唱生日快樂歌，這種肉麻行銷的專屬感，讓顧客保留跟店家連結的珍貴回憶。只要顧客到你店內用餐，喜歡你的服務、你的餐點，店裡的氛圍，消費者與店家會因為這個美好的體驗而連結，顧客在用餐上獲得感官與味覺的雙重滿足，店家自然獲得好的評價及口碑，達成消費者跟店家雙贏的局面。

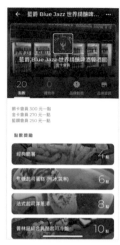

藍爵電子行銷活動

5. 用心經營你的忠實顧客

　　在網路科技發達的現今社會，顧客的消費方式迅速且不斷的在改變中，所以在經營的同時，更需要用不同於以往的行銷方式去經營你的顧客群。例如最近最夯的顧客管理系統，就是你在經營客群最好的左右手。我認為現今顧客管理最強大的是 LINE 消費支付綁定這個功能，一但顧客消費買單時使用 LINEPAY 這個支付方式，在支付的同時就讓顧客自動導入了你 LINE 裡設定的官方帳號，

之後店家可以直接使用 LINE 強大的推播功能，可以一次發送或預約發送多推播店內活動或促銷訊息給所有因消費支付而導入系統的客戶。另外還有專門的顧客集點系統（OCARD），除了同時能串接到店家 LINE 的官方帳號，我們可以在顧客端幫他們累積今日消費的點數，讓顧客獲得回饋，也可以利用這些共同的顧客名單，同時在兩個平台發送優惠券、公告最新活動，達到雙倍的宣傳效果，這些行銷都不是紙本或實體的 DM，全部都在手機上完成。對店家而言，不但大大減少了訊息傳播的時間及廣告的開支，也不用再發放紙本宣傳單，既省時省錢又環保，最重要的是，這些名單都在你的店內消費過，而且是喜歡你的店而加入會員的「精準客戶」。對顧客而言也是同理，他們只要拿起手機就能接收到最新消息，而且這些店家資訊及優惠都是曾經消費過而喜愛的店家，不會收到莫名其妙的訊息，更不用特別打電話到店裡確認優惠，甚至連訂位都可以在網路上完成。

第三節 餐廳行銷方式攻略

1. 細心觀察，用情感連結的方式感動客戶

一句發自內心，感動人心的話，或是一個貼心的小動作，絕對是征服顧客最好的一個行銷方式。這個情感的交流方式主要是要找到店家跟每一個不同顧客的共通點，經由一句話或一個簡單的問候，讓店家跟顧客有一個連結。例如看到顧客覺得冷的細微動作，就主動把店內的冷氣關小，或是發現當日生日的顧客，主動獻上祝福等等的小細節。但要提醒注意的是，這個說話的藝術通常是老闆或店長來做會比較恰當，如果是一般店員，建議用制式的微笑跟點頭問候即可，因為顧客百百種，如果應對不佳，反而會帶來反效果。

2. 在顧客離開店面的最後一刻製造驚喜

假設你是開手搖飲店，你可以把當天沒有賣掉的茶在打烊後做成茶凍，隔天顧客來購買飲料時，你可以免費

為他加入茶凍，或是稍微包裝後，當成甜點免費贈送給前來消費的顧客，假設你開餐廳，你可以製作兌換券小卡，在結帳的時候附贈給顧客，並告知下次來店消費時可以使用。這些都是顧客離開店裡前的小確幸，至於兌換的品項，像是雞塊、薯條等小點心，或是紅茶、可樂等飲品，都是你可以考慮的方向，這些不需要額外支出太多的成本，卻能如實達到行銷的效果，這個行銷方式主要是要讓顧客心裡有種「賺到了」的感覺，不僅增強了美好的消費體驗感，更大大增加了顧客的回購率。

藍爵行銷兌換券 1

藍爵行銷兌換券 2

藍爵行銷兌換券 3

3. 用加價購來提升消費的單價

　　延續剛剛製造離開店家時的小確幸，加價購，其實也是抓住顧客想佔便宜的心理，店家提供顧客需要的商品，用比較便宜的價格出售，讓顧客用較低的價格，增加餐點的豐富性，例如在餐廳用餐時，點購主餐，可以用半價加價購飲品或沙拉，這不僅讓顧客能用較低的價格

購買到他們需要的商品，同時也提高了店家的客單價，進而達到顧客及店家雙贏的局面。

4. 增加顧客用餐的便利性服務

假設一對情侶前來餐廳用餐約會，女士點了一盤海鮮義大利麵，大尾又新鮮的明蝦在視覺及口味上都是完美，但是對於女生來說，剝蝦殼是一件麻煩又不優雅的事情，若在上菜之前，店家先貼心的把蝦殼去除，不但會讓女士用餐時更加優雅，同時又能兼具擺盤的美感及食物的美味。同樣的，今天如果選擇要去吃燒烤，我也會優先選擇有桌邊服務員能幫忙代烤的店家，因為自己烤雖然有樂趣，但畢竟不是專業，肉常常會烤焦、海鮮常常會烤不熟，但燒烤店的員工都是訓練有素的店員，幫忙代烤、調味等桌邊服務，不但可以維持燒烤的美味及品質，這樣貼心且便利的服務同時也能增加顧客的好感度，為店家大大加分。

5. 顧客無法抗拒的行銷套路

回想你自己在餐廳座位上坐下來看著菜單的反應，是不是發現大多數的顧客，更可能是包含你自己，對於點餐都時常有選擇障礙，這個時候，你可能會上網查評論，看看大家到這間店用餐必吃的是什麼，抑或是你會直接詢問店員有沒有推薦的招牌料理，這樣一來一往的查找或是詢問店員，倒不如一張「銷售排行榜」來的更簡單明瞭，上面清楚排列出店內的熱銷商品。顧客對於銷售排行榜通常很難抗拒，因為有不想吃虧、不想被騙、不想後悔的想法，所以通常會參考大數據，點購最多人點選的商品來避免踩雷，同時也能省去點餐時的猶豫不決，這就是顧客會依賴排行榜推薦的理由。

　　至於設定人氣排行榜前三名，其實是有訣竅的，第一名必定是推薦店內的招牌商品，你最有把握能俘獲消費者的心的商品，第二名推薦 CP 值最高的帶路商品，第三名推薦低成本高利潤的商品。店內的招牌商品能讓顧客對店內印象加分，增加口耳相傳、口碑行銷的力量，第二個屬於帶路貨的性質，讓客人點到餐點有物超所值的感覺，對於前兩個餐點已經取得顧客的信任，最後一個推薦，可以用來增加店內的利潤，維持餐廳的獲利水平。

第四節 產品的本質遠超過顏值

一家好的餐廳，除了需要兼顧產品的本質，更需要凸顯餐點的顏值，但是有一點要特別注意，就是絕對不能讓餐點的顏值大於本質。也就是說，食材新鮮、口味好吃是基本，如果能兼具極佳的賣相，肯定會熱銷大賣，但當你的商品只有外表沒有口味，那你的店就成了一次性消費的店，很多的網美咖啡廳餐廳就是如此，噱頭一堆，雷聲大雨點小，就像流星一樣，剛看的時候會一陣驚呼，但是稍縱即逝，很快就會被消費者遺忘。

1. 美麗只是短暫的

前陣子從韓國引進到台灣，紅極一時的 2D 咖啡廳，店內全用黑白線條創造出獨特的視覺饗宴，讓你走進店裡一秒彷彿置身漫畫世界，桌子、椅子及其他周邊裝飾都是 2D 的，拍照打卡都令人眼睛為之一亮，但著重於店內的布置，餐點的部分卻找不到一個主軸，你是餐廳不是博物館，需要以餐點的定位與口味為優先，才是一家餐廳能經營下去的重點。

2. 商品在精不在多

你必須為你餐廳的餐點找到一個核心定位，當別人問起時，你可以很坦然而且很有自信的告訴他你的店是賣什麼、你的招牌商品是什麼，拿台北最有名的千層蛋糕專賣店 Lady M 來作例子好了，你有沒有想過為什麼小小一個切片蛋糕兩百五十元還是一堆人排隊？甚至你想買，好不容易排到隊的時候，店員還會告訴你那個口味已經沒了，這就是一個品牌對一項產品的專精程度的差別了。

如果一家店，又賣義大利麵、又賣拉麵、又賣炒飯、又賣蛋糕，那你倒不如說你是美食街還比較合適一些，像前述千層蛋糕專賣店的例子，它專精於千層蛋糕，它可以保證每一塊蛋糕的外觀、口味跟品質，因此它敢以這麼高的訂價去做販售，依然能獲得消費者的青睞，即使價錢較其他品牌高出許多，還是能使顧客購買的心甘情願，甚至一訪再訪。做好一個細節可能不會造成巨大的變化，但是把許多個細節都做好，成果必定不同凡響。在用餐的過程中感受驚艷，在熟悉的口味中加點巧思，就是定位招牌商品方向的重點。

第五節 差異化跟獨特性

1. 服務差異化

先來說說差異化的部分，我們可以分成服務上的差異化以及口味上的差異化，服務上的差異化，最好的例子就是女僕咖啡廳，一走進店哩，就會有穿著女僕裝的小羅莉服務員對你說「主人～歡迎回家～」搭配九十度的彎腰鞠躬，加值還會坐在你旁邊陪你吃東西，甚至餵你吃東西、陪你玩些互動的小遊戲，店內的氛圍、女僕的裝扮、漫畫般的店面裝潢風格，創造出與眾不同的用餐體驗，也就是所謂服務感官上的差異化。

大名鼎鼎的鼎王麻辣鍋也是服務上的差異化的例子，鼎王提供消費者用餐完畢打包店內的湯頭，最大的差異在於，店家會把鍋底的鴨血、豆腐、酸白菜等火鍋湯底配料，在外帶打包的時候補滿，消費者在店內用餐完畢，等於又可以外帶一份免費的火鍋回家，在餐廳用餐一次，回家還可以再享用一次。這樣的行銷方式不但讓客

戶有買一送一的感覺，間接增加口碑行銷的話題性，最重要的是外帶回去的火鍋料有新鮮的時效性，在無形中制約顧客在短時間對鼎王麻辣鍋味道的重複記憶，爾後當提到麻辣火鍋時，鼎王麻辣鍋的記憶就會自動跳出來成為你第一優先的選擇。

另外一個大型火鍋連鎖龍頭海底撈的差異化服務更是業界的翹楚。每間海底撈火鍋店內均設置兒童遊戲區，且配置服務員在遊戲區陪伴小朋友，教小朋友畫畫、玩遊戲、看影片等等，家長就能夠安心放心的用餐，不但如此，每個小朋友用餐完離開時還可以獲得一個免費的小玩具。服務大人更不馬虎，在顧客候位區提供免費的茶點及哈根達斯頂級冰淇淋吃到飽只是基本，更誇張的免費提供男性顧客最愛的頂級按摩椅跟專屬女性的美甲服務，這種神級的服務也奠定了海底撈在連鎖火鍋品牌裡的龍頭地位。

2. 口味差異化

口味的差異化，就是餐點在調味或口感上能夠與眾不

同，以目前市面上百百種的手搖飲品牌來說，除了裝潢一家比一家精緻之外，每一家飲料店也都會研發出屬於自己店家的特色產品，來當作主打品項，像是連鎖手搖飲清玉研發的翡翠檸檬就是一個很成功的例子，翡翠檸檬其實就是檸檬綠茶，但當業者取了一個好聽的名字，能讓消費者印象深刻也增加了好感度，在口味方面，除了使用檸檬原汁之外，也把檸檬皮一起壓汁加入杯中，這樣一來，飲品除了原本檸檬的酸味之外，還多了一股檸檬皮的香氣，而為了要中和檸檬皮所帶來的苦澀味，業者特別使用甜度比較高的蔗糖取代了之前一般市面上使用的果糖，再搭配台灣自產自銷的茉香綠茶，則完美詮釋了創意與口味兼具的主打商品，也因為這項明星商品，讓店面從早到晚都是滿滿的排隊人潮，在市場上一夕爆紅，迅速的打開市場，並且開分店做加盟，這就是做出了同樣商品的差異化，這就是原創商品，這是非常不容易的。說到原創，就不得不提起蘇阿姨 pizza。你對 pizza 的印象是不是就是那個樣子那種口味，就是餅皮加上起司配上不同的配料，但是即使是像 pizza 這樣的產品，還

是可以創造出獨特性，那就是店家的絕對優勢了。我以台北的蘇阿姨披薩屋作為範例，我有把握，當你把必勝客、拿坡里、達美樂這三間披薩店的披薩跟蘇阿姨的放在一起矇眼試吃，絕對可以毫無懸念的吃出蘇阿姨的餅皮，在成千上萬間披薩店中，就只有它的餅皮這麼與眾不同，能吃一口就被認出來，還有它別具風格的炸雞跟薯片，綜合在一起，這些都是別人模仿不來的，這就是產品的差異化。

泰瑪式 泰式奶茶延吉店

3. 服務獨特性

　　服務的獨特性，就是需要找到屬於自己經營的特色，想要在同行之中脫穎而出，就要跳脫對餐廳既定的認知及觀念，以餐廳產品面來說，我們對麻辣鍋的印象就是三五好友坐在同一桌，點了餐點共用，但是你有沒有發現如果一個人想要吃麻辣鍋幾乎是沒有辦法辦到的，所以市面上就出現了專屬個人的麻辣鍋店。這個商業模式就是呼應了客戶需求，這件事情不難做到，但是如果沒有跳脫傳統的思維，跳出來用顧客端的感受去思考，就不會產生新的商業模式。

　　以餐廳經營面來說，我們對市面上很多的親子餐廳的印象，大概就是有一個很大的遊戲區，在用餐的環境中吵雜又混亂，爸爸媽媽用餐像打仗一樣，一邊吃，一邊還得看顧小孩，這樣的用餐環境跟用餐品質，當然不會是一個好的用餐體驗，也不會有任何的記憶點。這時如果跳脫傳統親子餐廳的思維印象，設定一個新的用餐模式，在餐廳設置遊戲區，孩童用餐的過程都在遊戲區內並有專人照顧，家長可以遠端監控也可隨時參與加入，

多出來的時間，夫妻賺到獨處約會用餐時光的小確幸，這個 FOR 成人親子餐廳的經營模式，跳脫傳統框架並做出差異化，不但找到餐廳經營方向，同時也彰顯了餐廳的獨特性。

4. 口味獨特性

　　不論任何產業，最看重的無非是同中求異、找出自己的特色，台灣的餐飲業在亞洲地區算是一個非常有特色的商業模式，也是因為這樣，餐飲的形式及種類才會一直不斷地進化，因為只要跟不上時代潮流，就會在無形之中被淘汰，如果沒有找到屬於自己的特色，很難在這個變化多端的市場上生存。如果沒有先讓自己準備好，再好的機會降臨眼前也是枉然。產品的本質永遠都是成功最關鍵的因素，有人說台灣人很善變，所以餐廳經營的商業模式跟上變化的速度才能生存，但實際上我不完全同意，畢竟還是有很多店開了十幾二十年，甚至是百年老店，這些店家反而是我會去觀察的對象，他們到底做了什麼，讓自己可以在往後的這麼多年，依然持續吸引顧

客上門？找到市場的定位、維持餐點的品質、創造市場的
差異性，品牌必能長長久久永續經營。

藍爵精緻餐點

第六節 營收及獲利

1. 遇到錢的問題，老闆一定要親自處理

　　創業開店畢竟不能僅是為了理想，理想不能當飯吃，也不夠完全支撐著一家店的經營，相較之下「利潤」對於一家店的營運就非常的重要，也因此，關於錢的問題，老闆一定要親自處理。不管是小吃店或是大餐廳，都要製作每日的營業報表，除了記錄店內現金的營收之外，信用卡消費的金額也必須被精確記錄下來，加上現在非常發達的外送平台，餐飲業很大一部分的營業額也會來自於熊貓外送或是 Uber 外送的平台，同時餐廳可能還會有一些其他的附加商品，例如冷凍調理包、店家自製醬料、手工的甜點等等，讓客人在離開的時候可以順手購買，進而增加營業額。除了現金以外的營業額，計算方式都較為複雜，像是信用卡跟外送平台都會額外向店家抽成、購買冷凍調理包就沒有服務費，這些金額都必須精準而確實地被記錄下來，這樣一來你才能知道今天真正賺得多少錢？獲利多少？不然營業額數字很漂亮，但實

際上扣除成本就並非如此，店內的營業報表更需要親自計算，絕對不能偷懶完全交給店長或幹部負責，親力親為不但能清楚了解店內金錢流動跟營運的方向，更能依照店內狀況隨時做適當調整，讓店裡獲得最大的經濟效益。

第七節 莫忘初衷：餐廳經營的願景

創業開店這一件事情，沒有人能百分之百篤定會成功，但是你的經驗及堅持的毅力會支撐著你，讓成功機會變大、讓失敗的虧損變小，也就是說，你賺來的錢，要可以真正靈活的運用，而賺來的錢至少要超過每年銀行的定存利率 1% 的利息，跟每年通貨膨脹的 3% 的金額，如果你每年的獲利能夠超過這個門檻，你才真正能稱作真正的獲利，要不然其實都只是數字上的變化，而不是真正的獲利。

生活從來就不是公平的，沒有什麼努力一定會有回報，也沒有苦盡一定會甘來，成功又精彩豐富的人生就是乘風破浪，不斷的挑戰自己！

人生的目標，要靠自己完成，面對挑戰，轉換態度，見招拆招。當你無路可躲、孑然一身的時候，你要感到興奮開心，因為這代表你別無選擇，突破自我，就是邁向成功的開始。

做沒有做過的事情叫做成長，做不願意做的事情叫做改變，做不敢去做的事情叫做突破。很多人覺得做餐

泰瑪仕獨家招牌飲品：
純手做泰式奶茶

無敵漢堡獨家招牌：
101 四層噴汁牛肉堡

藍棧獨家招牌飲品：
抹茶紅豆

藍棧獨家招牌飲品：
海尼根綠茶

飲業很自由，每天都在吃吃喝喝，你也許覺得，才不是那回事，當我們在辛苦的時候，都沒有人看見。你應該慶幸，你現在正在做的行業，在別人看來都是一個想加入、喜歡又嚮往的行業。如果你可以每天在你喜歡的環境，做你喜歡做的事情，同時又可以獲得足夠的利潤，那就是一個最好的工作狀況。

第八節 創業的溫馨提醒及建議

在經營餐廳的過程中，除了前面所提的

◆企業創建

◆餐廳定位

◆口味設定

◆裝潢設計

◆人員訓練

◆成本控制

◆行銷宣傳

之外，還有幾個開店可能會遇到的狀況，讓歐巴來跟你分享。

一.合夥

做生意除了獨資之外，常常會有合夥的情況發生，如果真的需要合夥，那有什麼需要注意的呢？歐巴整理出十項合夥需要注意的事項給你參考。

1.合夥做生意一定要簽合作協議，先小人再君子，

如果你只是出了錢，但是沒有簽合作協議的話，那你還真的不算一個股東！運氣好的話叫做把錢借給別人共同合夥出資，運氣不好你所謂的合夥人到最後可能連認都不認，因為什麼都沒有寫就無法證明錢是你投資入股的，還是借給他的，就算是老同學或是自己的親兄弟也要簽協議，項目較大的合作項目更要讓律師再擬一份專業的合作協議避免爭議。

2. 要區分「股權」跟「分紅權」，股權是決定你在這家公司權力的大小，而分紅權才是影響你分紅多少的關鍵，如果你不參與管理的話，股權怎麼變都沒問題，因為你的分紅權只要不變，你該分到多少就是多少。

3. 合夥做生意的最大原則就是雙方必須都要拿錢出來才叫合夥，如果你的合夥人只出技術，開店所有的費用都需要你自己付出，那就不叫合夥，開店之後你不只要付他薪水，還需要給他 15% 以上的技術股（也就是所謂的乾股），賺了錢，大家一起分，但若賠錢的話，那將會是你一個人賠上這些虧損。如果你沒有技術要找有技術的合夥人，建議用技術轉移且買斷的方式，先把店面

設定好，再請你的合夥人投資入股，如果要委託合夥人經營，再給予薪資的方式最為理想。這樣誰也不占誰便宜，也不會給了乾股還當冤大頭。

4. 合夥必須規定好分紅時間，在合夥協議分紅比例確認後，就一定要明確地確認分紅的時間，如果沒有明確的分紅時間，會增加帳目上作假的風險。除了每個月固定看營收報表，建議最好一季分紅一次。在開店之前必須搞清楚，究竟是要扣除開店成本以後利潤開始分紅，還是依約定好時間分一次，分紅的週期一定要清楚寫在合夥協議裡。

5. 必須要制定退場機制，因為大多數的店前期都是屬於虧損的狀態，人在壓力之下一定會暴露出原形，合夥做生意在中途如果有股東要退出或者退股，那一定是雪上加霜。要記住一句話「先說斷，後不亂」，感情從來都不是合夥的基礎，千萬不要懷疑人性，所以合夥之前一定要制定一個詳細的退股計畫，讓每個人退出有成本，例如在店盈利之前不退，淨身出戶，盈利了之後回本之前退50%，或者回本後全退等等。

6. 店內股權必須要有個絕對話語權，因為平分股權店裡就沒有能夠拍板定案的決策者，比決策錯誤更危險的是不敢決策和決策拖延，時間就是金錢。如果只是投資不管店內事務，那經營店面的專業經理人就相對重要。既然找了專業經理人經營，就應該賦予信任及相對店內決策權，讓專業經理人幫你賺錢。切勿給太多意見，這樣常常會模糊了經營的焦點。

7. 兩個只有錢的創業小白千萬不要合夥，因為當兩個人都有錢時，錢就是最不值錢的東西，優秀的合作夥伴一定是你進步過程中尋找到相同頻率的人，如果你實在找不到，那就自己一個人做，只要你不拋棄、不放棄，隨著你的能力提升，你一定會在創業的過程中，遇到能力互補的人。

8. 當你是這家店的投資者，你的合夥人是負責店內經營時，一定要心胸寬闊，在不觸犯原則的情況下，不要為了雞毛蒜皮的利益去斤斤計較，因為他是店內的經營者，哪怕你佔的股份再多，沒有了他的經營，你再多的股份也顯得沒有價值，如果你的格局夠大，給店裡合

夥人設計一個期權，做到了成績就多拿，增加他的積極性，那麼就可以做到小股份賺大錢。

9. 合夥人一定要互補，寧缺勿濫！自己做也不要為了去找合夥人而合夥，簡單來說就是合夥人必須做到能力互補、絕對信任、不可替代，不要為了心裡的一絲安全感就找人來合夥，切忌！哪怕自己做，也不要和平庸的人一起合作。

10. 乾股：字面上解釋的意思就是沒有拿出實際投資的金額，而用其他方式獲得投資利潤，可能是技術入股或是用知名度做行銷等等的方式獲得。乾股因為沒有拿出實際的金錢，所以如果開店賺錢，賺的利潤會依照乾股比例做分紅。但是如果不幸賠錢，那乾股是不需要一起負擔虧損的。

二. 員工

如何處理麻煩的員工離職問題？

如果員工提離職，危險信號就來了，如果處理不好，一定會影響店裡其他的員工，甚至會帶走一大批顧

客，今天就是要告訴你如何處理好員工離職，並且在離職後還會感謝你，看到你的格局還有擔當。

員工是店裡最大的資產，同時也是最危險的問題！但你沒有員工店也無法運作，我的店一個月店租就要十幾萬，在疫情期間也不可能把店停下來，停止營運的話，員工也有家庭要養需要工作，如果在疫情期間放無薪假，很多員工也會各自找新的工作，等到疫情結束，店內沒員工那店裡也就賺不到錢了，所以在疫情期間我的作法是咬牙撐下去，一樣給他們正常的薪水，但是還是遇到很多心懷不軌來蹭的員工，疫情過後就離職。

既然員工已經決定離職，那我們就衷心的祝福他能有更好的發展，你怎麼去對待一個離職的員工比你怎麼對待在職員工還重要，每個人都無法保證會在同一家公司待一輩子，離開只是早晚的事情，離職員工也會看你是怎麼對待他的，這也是為什麼現在很多人離職後跟公司鬧得不歡而散，鬧到勞工局、告到法庭，一定要跟公司搞到你死我活才肯罷休。面對離職員工，我們就滿足他的需求、善待他、不傷害他的尊嚴，讓離職員工體面

的離開，不論他今天是犯了什麼過錯，就友好話別，不要全盤否定，更不要迴避不見，因為公司在明，有心人在暗，你能保證你公司都一切都合法，衛生都一塵不染嗎？店裡沒有不想告訴人的食材、營業祕密？這些員工在店裡當然都知道，如果鬧得不歡而散，他們可以去各大論壇、社團爆料，或是找媒體、公家機關檢舉，用任何方式攻擊你，所以我的建議是該給的年假、薪資、福利等等該給的都給，大家好來好去，即使你覺得這個員工不太行，也不要造成對立的局面。

三. 經營

為什麼看似賺錢的店，戶頭卻看不到營收？

為什麼看似賺錢的店，利潤卻低，你的錢到底跑哪裡？

開店時營業額總是很高、生意也很好，但仔細算帳時才發現沒賺錢，是因為你在正式開店前就沒有好好算過帳，你的利潤點在什麼地方？你應該從什麼地方把利潤控制出來？會做生意的老闆在開店前都會把帳先算清

楚，我的整個投入是多少？我的店要到達怎麼樣的營業額才能保證在什麼時間內把成本回收回來？並設定一個月要賺多少，營業額要達到多少，如果達到了營業額，但實際上沒有這麼多利潤的時候，就要去查原因，是不是成本過高？成本又是在什麼地方，是定價、行銷、人工、額外支出？還是原物料？額外支出的成本是不是可以透過管理方式把它控制掉或減少，這是在實際進行過程中重要的一個管理，如果你剛開始就沒有算帳的習慣，到最後才發現沒賺錢想要挽救的時候就很困難了，作為一個老闆一定要對財務數據敏感，才能及時發現問題。

假設店內本月營業額有 100 萬，設定利潤有 50 萬，這 50 萬又包含了房租、水電、瓦斯、人事成本、雜支⋯⋯等，還有一部分是庫存，有越多的庫存相對的營收就會越少，要有高營收也有好的利潤，就需要把開店比例分得非常清楚。

四 . 差異

傳統餐飲與現代餐飲最大的區別是，前者經營產

品，後者不只經營產品，同時也經營人群。對於消費主力有高要求的 80、90 後而言，想讓他們一眼就愛上你的餐廳，你的經營模式一定要符合他們的需求。

　　很多餐飲企業認為只要加入外送平台就以為自己在經營客群，這種想法大錯特錯！雖然外送平台可以幫助我們提高營業額，但這些平台始終不能將線上客戶轉移到線下的餐廳，一定要知道這些外送平台，前期為了佔領市場，必然會用燒錢戰術，以超低價格吸引消費者入駐，但之後就不會再給你補貼，反而還要自掏腰包給他們，再來平台會開始以各種名義收取費用，所以我們與其加入各種外送平台，還不如開始學習線上經營你的餐廳，例如可以使用 Google、FaceBook、Instagram、Dcard、痞客邦、小紅書、Tik Tok……等，大家常使用的媒體網站，來宣傳自己的餐廳，也可配合顧客經營系統，整合品牌的集點卡、會員卡、優惠券、店家資訊、預定餐點、行動支付、外送，搭建屬於自己的平台連結到每一位顧客，打造顧客忠誠，這種新穎、個性化的餐飲體驗，只要你改變一下經營思路，就會財源跟著滾滾來。

不管過去還是現在，餐廳與顧客的關係，一直都處於不冷不熱的狀態，對於餐廳的選擇普遍都沒有忠誠度。想要改變現狀，就要讓顧客有參與感，多跟他們溝通互動，可以借助平台、滿意度問卷搜集顧客對餐廳的意見，寫下自己的就餐體驗，這樣每一位來店的顧客就成了你的產品經理，再根據這些人的建議，進行整理分析，進而找到解決的對策，以便於更好地為他們服務。同時可以給予顧客一些「禮物」，像打折券、飲料券、餐點兌換券等，作為贈品送給他們，這樣就容易引發他們的參與性，加深顧客對餐廳的印象，還能夠把品牌植入到消費者的內心深處，讓他們對你不離不棄。

開餐廳難免會有生意不好的時候，不過只要我們加強產品創新、裝潢優化、提高服務質量、提升顧客體驗，再學會運用媒體網站做宣傳，生意一定會出現好轉，只有能以顧客為中心，才能成為一家有口皆碑的餐廳！

五. 抗壓力

沒有抗壓性做不了老闆？老闆其實都是天馬行空的實踐家，創業不是你所看到的這麼簡單，也不是所有興趣都能當飯吃，大家看到的是老闆光鮮亮麗的一面，沒看到的是背後的孤獨與壓力，上有客戶要交代，下有員工要保障，中有同行的鞭策，這些都只能自己扛著。一個管理者最重要的就是抗壓能力，無論是一名基層的管理者或是公司的老闆，都必須要扛得住壓力，每一個能把事業做久的老闆都是抗壓高手，我們所有人碰到壓力幾乎都可以釋放，比如員工聚在一起喝喝酒、罵罵老闆，壓力就釋放了，但老闆面臨壓力時，只能選擇與壓力共存，明知道前方是萬丈深淵，還是要滿懷信心的帶領所有員工往前走；尤其是剛創業的老闆，初期創業充滿夢想，覺得到處都是機會，但其實真正能選擇的並不多，做的每一步選擇都很重要，每一個抉擇背後也都需要承擔風險，當公司遇到事時，大家都走了，只有你不能走，好的話這些壓力也可以轉變成是你的動力，不好的話也可能成為壓垮你的最後一根稻草。

六．大量閱讀是餐廳進步的原動力

經營一家店非常辛苦，常常要花很多的時間在經營顧客，控制成本與員工管理上，一個經營者常常沒有多餘的時間去吸收新的資訊，時間越久就變成一個井底之蛙，活在自己店裡的小圈圈裡，這樣不會進步也隨時會被瞬息萬變的社會淘汰。

我有一個朋友的女兒，從小沒有做任何的補習，他的媽媽只做一件事情，就是讓她女兒做大量的閱讀。所謂的閱讀是閱讀天文地理所有的知識，而不僅僅只是課本上面我們需要考試的題目，但是媽媽卻堅持不間斷做這件事情。女孩的課業一直平平，每次考試的成績也都是在班上的中段，沒有太差也不到很好，但是上了國中之後，潛力突然在一個時間點爆發出來。現在升學有很多不同的管道，不像之前只有一次聯考一次定生死，很多推甄的方案可以進入好的高中或是大學，這時候從小大量閱讀的女孩，她的知識就在這個時間點瞬間的爆發，最後的結果是她推甄上了中山女高。以結果論來說，女孩媽媽的作法是成功的，讓孩子在沒有壓力的情況下閱讀學

習，最後得到了意想不到的成果。

人們在閱讀的時候有很多種需求的可能性，有些是想要獲得知識，有些是想要導正觀念，有些是可以用短短的時間了解一個成功人士的一生，有些只想在書中獲得快樂，有些則是要喚起美好的回憶。書本裡面有太多的知識是等待著我們去發掘跟探索的，但是在這個資訊爆炸繁忙的時代，有靜下來看一本書的時間真的是奢侈的，如果這一本書，在你開車去上班的時間，你搭捷運下班接孩子的時間，你陪父母去醫院等待的時間，你在上廁所的時間，你在中午休息跟同事午餐打屁的時間，這些零碎的時間都可以用來獲得新的知識。而獲得知識的方式你只要聽，吸收，存檔在你的腦海裡，不知不覺當中，你就在一天一天重複的生活裡，默默的與別人的差距越來越大，在無形之中讓你成為另一個等級全新的自己。你身旁的朋友都覺得莫名奇妙，你怎麼什麼都懂？

所以建議你再忙每天至少要花十分鐘吸收新的資訊，這個資訊包含了現在在流行什麼？可能會有不同的經營模式，或是有創新的產品等等。我所強調的是有用的資

訊，是對開店或創業有幫助的資訊，而不是抖音或社群軟體上面一些無用的資訊。養成每天閱讀的好習慣，一開始可能很困難，但是久而久之你會發現，他對你創業經營非常的有幫助，無形之中也提升自己的市場價值。

最後，送給各位兩句創業金句

Do the right thing, be the best.

做對的事，做到最好。

Work hard, play harder.

努力工作用力玩。

能夠準確做到這兩句話的精隨，你的事業及生活都將過得更精彩。

第三章／十則創業實際案例分享

1. 店面買一送一的行銷策略

有一家新開幕的手搖飲專賣店，做出紅茶 30 元買一送一的促銷，吸引大批顧客前來排隊搶便宜。紅茶一杯的成本大概 $5，兩杯的成本就是 $10，加上袋子封口膜提袋吸管大約 $15，所以就算買一送一給你，店家還是賺得 $15，有 $15 的利潤，這樣買一送一的行銷方式，有下列三點行銷亮點：

A. 讓消費者心裡覺得有買到賺到，甘願花時間排隊，造成店面排隊的效果。其實顧客花的時間成本遠大於一杯紅茶的成本，這樣的行銷方式大大增加實體店面的人氣，更增加了話題性及曝光度。

B. 並不是每個排隊搶便宜的消費者都只會消費紅茶這樣商品，店家用紅茶這個帶路貨促使消費者在排隊等待的

同時，給予試喝店內其他商品，增加商品的曝光度，同時也增加消費者購買其他商品的機會，增加店面的實際營業額。

C.消費者花了很久的時間，排隊拿到在店家購買到的商品，當然會拍照上傳打卡在自己的社群網站，間接為新開幕的店家做了免費的曝光。

其實一個簡單的行銷方式，就可以迅速達到雙贏的效果。

2. 良心是開店成功的準則

公司前面有一家麵攤，經營多年，沒有什麼裝潢，但生意一直不錯。在工作時，我吃飯有 2 個原則：簡單及迅速，這家麵攤就可以滿足我的需求，所以我經常去這間麵攤光顧。有一天，我看到一位小姐對麵攤老闆說：「你們家的麵比別人貴 20% ！」老闆娘回：「我們家的食物真材實料，比人家貴很合理。」那位小姐反駁：「你這樣講好像別家都不是真材實料似的……」老闆娘最後回了一句：「我賣的是良心價！我聽完老闆娘的回答實在太

好奇，決定找她一問究竟。「請問良心值 20% 是什麼意思？」老闆娘解釋，「我洗菜比別人多洗半小時，桌上的醬油都是古法精釀的，價錢比一般貴 50%，當天賣不完的小菜全部丟廚餘桶，請了 2 個阿姨，1 個月薪水 3 萬元……我和我先生的開銷加上店租，每個月要支出 25 萬元以上，你說，我不多賺 20% 怎麼划得來？」小麵攤跟大企業，同樣都是一個經濟體，不管規模大或小，都有自己經營的學問。

3. 販售同性質商品的差異性

在女兒學校旁邊的民生社區，是台北最優質的生活區域之一，住戶的生活水準高，消費能力強，自然就有很多的餐飲業入駐，看到一個店面在裝潢，很期待看到他要賣什麼東西，結果從開始注意到裝潢完畢，這間店大概花了兩個月左右的時間，這是一個 15 坪不到左右的店面，店面裝修的風格乾乾淨淨，看起來很舒服，賣的產品是牛骨麵，我很好奇牛肉麵跟牛骨麵的差別是什麼，所以在開店後就馬上去品嚐，牛骨麵是取帶骨的牛肉，

業主說這個部位的牛肉更美味更有口感，所以一般一碗 $100 到 $150 的牛肉麵～在這間店要賣 $250。我覺得有特色的商品單價拉高，只要 CP 值夠高、東西夠好，價錢其實不是問題，但是就怕消費者不來第一次消費或者吃完後發覺產品本身不夠獨特。三個月後，我發現店面在做促銷了，原本 $250 的牛骨麵現在特價 $150。那時我心中就覺得不妙，果真做了促銷後不久，店面就貼出了頂讓的牌子，前前後後經營不到半年的時間。

其實 $250 需要促銷變成 $150 的價錢，代表產品的差異性在消費者的心中，沒有被凸顯出來。消費者主觀認為牛肉麵跟牛骨麵的差異性不大，所以不願意多花 100 塊錢吃單價較高的牛骨麵，所以店家用價格促銷的方式，讓消費者能夠親自體驗，進而比較出產品的差異性，認同產品後才會願意用較高的價錢去購買商品。好的商品當然經得起市場的考驗，但是需要適當的行銷方式，吸引消費者嘗試過後，將好的產品體驗口耳相傳，才會造成顧客的回流，但是需要時間，初期品牌要做的就是堅持，但是絕大部分開店或是加盟的業主，卻沒有辦法在

初期還沒做出口碑生意量的情況下堅持下去，這就是經營品牌普遍會發生的問題。

4. 經常異動販售商品的危機

其實只要仔細觀察，你會發覺你的周圍不管是住家或者是公司附近，一定會有一種店，幾個月就換一次招牌，賣的商品也都是不同的項目。一下賣義大利麵，一下賣便當，幾個月過去又變成賣麻辣燙～這些店共同的特點就是，裝潢不會花大錢改變，只是簡單改改裝潢，換換招牌就開始營業，有些甚至連招牌的背板都不換，只是簡單貼了一張輸出上去就開店了，這樣的經營模式，看似以最少的成本開始營業，但是卻犯了餐飲業的大忌自己還渾然不知。我用下列的五點簡單地說明，相信你就會有很大的認同感。

1. 商品在一開始就會給客人不專業的感覺
2. 變動不確定性（隨時有可能吃不到）
3. 沒有品牌的忠誠度

4. 品質的控管

5. 租金的壓力

5. 別開間摸不清頭緒的店

　　每天早上我都會親自送女兒去學校上課，在學校的附近，開了一間新的店面，我很好奇他到底要賣什麼東西？結果開幕的時候，招牌上面只寫了幾個英文字，完全看不出店內在賣什麼東西，只有一個人每天坐在裡面打電腦。那時候我覺得他可能是直銷在賣健康食品的補給站，結果兩個星期後發現店家掛出布條，上面寫著草本輕食健康概念，這八個字，我才意會到店家是要賣健康低卡的減肥早晚餐。我對草本健康概念的早餐是賣什麼東西完全沒有一個概念，老闆做出來的產品可能很好吃，或者是他利用他營養師的專業調配出健康又可以瘦身的早餐，但是沒有好的行銷跟好的服務態度，再強的商品，顧客不給你機會來體驗，一切都只是空想。客戶不買單～當然你也賺不到錢，做生意最忌諱整天當井底之蛙埋頭苦幹，這樣即使做再多努力，也不會達到效果，與

其創業要當這樣的老闆，還不如回去上班。很多人想要圓老闆這個夢，但是沒有一個明確的方向，創業這條路將會走得非常艱辛。

6. 加盟連鎖品牌的潛在風險

前一陣子有個非常火紅的連鎖品牌，主打的是芋圓芋頭仙草等等的冰品，以手工的方式去做呈現，再把這一些冰品的配料加入到飲品中去做一個結合，這樣的概念在市場上也馬上獲得了極大的關注，加盟店如雨後春筍般的遍地開花～但是不到半年的時間，卻發生加盟主跟媒體爆料總部種種劣質行為，才了解其中加盟的祕辛。

加盟主加盟，主要是看好品牌在市場的潛力及競爭力，所以在一開始即使投入過多的加盟金加盟也在所不惜。但是在加盟之後，才發現加盟總部在原物料的供應及行銷的費用，都以高於市價三成的價格賣給加盟主，由於經營成本跟回本時間的預期差距太大，加盟主紛紛爆出欲解約的糾紛，如果要終止合約，加盟主必須付給總部為數不小的違約金，如果不想要賠違約金，就要找到

下一個來接店的業主，再付一次加盟金才能**轉讓**，很像一個找替死鬼的概念。原本看似產品及形象都不錯的加盟品牌。在加盟主還沒有完全了解加盟型態及方式的情況之下就衝動的加盟～而導致最後血本無歸。

　　加盟本來就是吸取品牌成功的經驗，少走一些失敗的冤枉路，但是在加盟主加盟的過程當中，如果沒有清楚的了解加盟品牌的條件以及優劣勢，只是單純覺得加盟市場上最夯的品牌就可以躺著賺，搭上賺錢的順風車，這樣的加盟失敗的機率超過九成。所以要慎選一個優質的加盟總部是不是非常重要呢？

7. 人文茶館跨足手搖飲市場的優劣勢

　　這間國內數一數二的優質人文茶館，以世界首創手搖碎冰珍珠奶茶為店內招牌，搭配手作功夫麵、滷味、點心等等，在業界名聲響亮，有去體驗過的顧客都知道，不管是飲料的品質、餐點的口味、人員的服務、店面的風格，都在水準之上。2017 年該品牌推出了新的手搖飲連鎖品牌，主打平價且優質人文茶館口感的外帶手搖飲，

其中以鐵觀音奶茶為該品牌的主打商品，一推出就迅速在手搖飲市場上造成轟動，同時該品牌也同步大舉開放品牌加盟。但即使擁有品牌知名度及茶館技術的加持，人的因素還是一個品牌能否成功的絕大關鍵。加盟店迅速擴張展店，總部在訓練加盟主時，需要制定一套完整有效的 SOP 訓練系統，才能確保每間加盟店製作飲品口味的一致性，但是因為迅速擴張展店，在總部收取加盟金之後，加盟主早已租下了店面開始裝潢付租金，大把的鈔票都已經付出去，當然希望能夠趕快開店賺錢回本，所以對總部協助開店訓練的時間就會給予強大的壓力，希望能夠越快越好，導致訓練不夠扎實，在開了店之後，又因為種種的因素，例如工作時間太長感覺疲累，所以在製作過程中沒有依照 SOP 去製作飲品、請不到員工導致製作飲品效率下滑或員工的態度得罪顧客等等的原因，導致獲利不如預期，所以即使是大型連鎖的品牌，在加盟店迅速擴張之後、還是有超過七成以上的店面營業不超過兩年。這是在迅速擴張時，加盟總部最需要注意到的問題及考驗。

8. 日式連鎖拉麵的經營危機

在之前大型日式連鎖拉麵店還沒有大舉進攻台灣的時候，這間位於東區的拉麵店，就是我心中日本拉麵的代表。親民的價錢、道地的口味、親切的服務都是我覺得店家能夠生意好的關鍵。店員穿著日式制服，搭配著仿日本的頭巾，頗有置身日本當地的感覺。有別於一般日本的拉麵，業主依照台灣人的口味對拉麵進行改良，而且每碗拉麵都用鑄鐵鍋加熱，如此重視細節，讓喜歡吃熱熱湯頭的顧客可以從頭到尾都吃到這樣溫度的美味。但是前陣子因為疫情的影響，讓店家停止內用，一轉眼就是三年的時間，再次造訪時，卻發現店家在經營方面完全變調，為了節省成本，店內只有兩個員工，而且都是年紀稍長的阿姨，一個顧內場煮麵，一個顧外場清潔點餐樣樣來，也因為這樣人手不足忙不過來的情況，店內的環境明顯比之前雜亂許多。重點的餐點拉麵上桌的時候，我看到都傻眼了，因為拉麵不是用之前每碗加熱的鑄鐵鍋，而是用外帶的紙碗裝麵就直接上桌，一問之下才知道，店家因為要節省人事成本，所以沒有人洗碗，

只能用免洗餐具做替代，這個回答讓我聽了好心酸。其實這次用餐拉麵的口味跟湯頭跟疫情之前並沒有太大的差異，但是不管在環境、服務及用餐氛圍，都讓我大失所望。店家因為節省成本而不去維持環境服務跟品質，就算有再好的商品，消費者也不會買單。

9. 兩顆水餃的感動

其實做生意，你說困難好像真的很困難，但是其實只要有一個點，能夠讓客人可以記住你，能夠發自內心的感動，這就是一個成功的店。

女兒學校旁邊有一家小麵攤，人潮總是絡繹不絕，原因並不是因為他的東西有多好吃或是裝潢有多漂亮，而是老闆很會做生意，我發現每一個吃完麵離開的客人都是帶著笑容離開，這讓我很好奇，有一天帶女兒在店內用餐，老闆娘的兒子正好下課，是一個胖胖的國中小男生，下課了還到店裡面來幫忙，老闆娘一看到兒子，就跟他說今天辛苦了，媽媽幫你煮幾個水餃吃，正好我的眼神跟老闆娘對到，老闆娘不經意地看著我，不加思索

隨口對著我女兒說，妹妹，阿姨怕你沒有吃飽，要不要阿姨也多煮兩顆水餃給你吃啊？當下一種貼心的感動湧上心頭，因為一句話，因為兩顆水餃，讓店家跟客戶的情感聯繫在一起，這不就是做生意最好的教科書嗎？

最後，跟各位分享，在疫情期間，歐巴經營的餐廳，是如何挺過疫情的考驗而存活下來，獲得現在的成功。

10. 1258 ──反轉疫情的奇蹟餐廳

這是一個關於努力與付出的魔術數字，也是一個感動與感恩的排列組合。

我是個電影迷，工作之餘，最喜歡看電影來紓解我的壓力，其中災難片更是我的首選。我印象最深的莫過於《明天過後》這部電影。劇中闡述人類遭受了氣候變化的空前浩劫，從不斷地死亡無助，到最後人類浩劫重生，所有的一切都回到了原點，讓我對生命的理解有了另一種不同的意義。另一部由達斯汀霍夫曼主演的老電影《危機總動員》，更是經典中的經典，從猴子身上帶原的莫塔巴病毒，為人類帶來致命的危機，需要找到病毒的來源才能製作拯救人類的解藥，當然到電影的最後，人類還是戰勝了病毒。當時我的心裡還在想，現在的醫學科技這麼發達，哪有可能碰到這樣的事情，沒想到，卻在我們的生活中真實的上演。

這兩年新冠病毒的疫情在全球肆虐，但對住在台灣的我們，相對來講是幸福的。在去年隨著連九天的零確

診，彷彿宣告國人的防疫成功，在這一年多以來，台灣人民有如置身平行時空的桃花源一般，過著與世界接軌但卻能與病毒絕緣的美好生活。因為對防疫太過自信，長時間的安逸讓我們漸漸失去了對病毒的警覺性，當病毒破口瞬間侵入，我們就好像棒球比賽大比分領先的一方，在九局下半派出王牌終結者上場救援，原以為可以穩當的贏得勝利，卻被對手狂轟猛炸，而陷入了進退兩難的窘境。

接著開始連續五日百人確診，政府即刻宣布全國進入三級警戒，這對餐飲業無非造成了巨大的衝擊，面對突如其來的劇烈變化，許多餐飲的同業都亂了陣腳，不知所措。

可能是很年輕時就創業，受過了太多的挫折及考驗，當時的我沒有想太多，只是思考餐廳要因為疫情的衝擊而暫停營業？還是繼續營業拼下去？當下我的內心告訴我，難道我就要被疫情打敗？然後怨天尤人的賠下去？之前經營的努力全都付諸流水？簡單地試算一下立

即停業後需要支付的成本，店租、員工薪資、店內食材的耗損及基本的開銷，一個月保守估計需要支出超過 4、50 萬，與其被動的等待疫情的結束，只能繼續營業下去，但是餐廳面臨無法內用的極大衝擊，如果只靠外送平台的高抽成維持營運，只有死路一條。心裏當時想，如果還是維持開餐廳就一定要賺錢的思維，那強大的壓力必定適得必反，但換位思考，如果我只是想要讓餐廳打平或者是小虧，讓每個員工都還是拿一樣的薪水、每個顧客都還是能夠吃到美味的食物、餐廳還是能夠正常的運作，這樣不就三全齊美，皆大歡喜？

既然是餐廳，要賣的就是餐點，那要怎麼把餐點持續送到顧客的手中？冷凍真空調理包的念頭馬上浮現，它沒有餐廳內用吃飯時間及運送距離的限制，無非是疫情期間餐廳最好的出路，但是既然要做，就要把它做好，而且速度要快，要跟時間賽跑，當下毫不考慮，馬上開始真空調理包的研發製作。

當然，光靠冷凍真空包當然沒有辦法維持餐廳的正常營運，除了真空包之外，也需要在店內的產品、人

員、行銷以及客戶管理四個經營層面，為了疫情重新調整步調。

A. 產品：研發與製作

1. 冷凍真空調理包的研發及製作

　　店內的商品很多，但並不是每一項都適合做成冷凍真空包，在製作研發的過程，不但要跟時間賽跑，又需要讓食物一樣維持餐廳的高水準，更要快速的送到顧客手中、讓顧客輕鬆方便的料理，最後得到顧客的肯定，持續回購。

防疫雙人、四人套餐

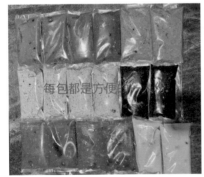

藍爵料理真空包

商業午餐便當、防疫餐盒

2. 外送平台品項與價錢的調整

　　外送平台雖然有著高抽成，但是卻是我們在度過疫情期間不可或缺的一個很重要的收入來源，所以需要把餐廳的外送品項精簡、減少廚房不必要的庫存，同時調整產品的售價，讓顧客可以更輕鬆更無壓力去點購我們精緻美味

的餐點。

3. 店內自取外送

不透過外送平台，我們在疫情期間完成了屬於自己餐廳的訂餐外送系統，除了可以在線上訂購冷凍真空包，顧客在訂購店內的商品，點餐取餐都可以更方便迅速，訂購完成之後更可以線上完成付款，免除取餐付費時人與人接觸的風險。

4. 設定防疫雙人、四人套餐

疫情無法在店內使用，但是顧客還是會有慶祝特殊節日或者是假日想要吃豐富一點的固定需求，餐廳設定的雙人及四人套餐，就可以充分滿足這類顧客在用餐的需求，而套餐的售價幾乎是店內用餐的 5 折，還能貼心幫您宅配到府。

5. 商業午餐及防疫餐盒

設定平價的商業午餐及外送到醫院的愛心防疫餐盒，利潤雖少，但是可以增加顧客對餐廳的認同感及對品牌價值的提升。

B. 行銷：多方面曝光嘗試

1. FB 廣告投放

好的商品需要被顧客看見。FB 廣告就是與餐廳消費年齡層，最能夠互動的一個傳播媒體，線上投放廣告，宣傳商品，給需要的顧客，是我的首要選擇。

2. 找尋在地的團購社團及團主

團購的社團及團購主在在自己的社團或群組，都有一定的團購人數，只要你的商品夠競爭力，這是一個非常好銷售的管道。

3. 網紅行銷

找尋有相同興趣或者是固定寫食記的網紅，藉由他們的人氣及號召力，不但可以宣傳商品，更有很多的素材可以運用在其它行銷方面，可以快速讓更多人認識我們，這對未來解封後的餐廳是一個隱形的優勢。

知名部落客 達浪的日常手札 行銷合作

4. 口碑行銷

這時候朋友圈就是你最好的行銷方式，藉由朋友之間的口碑行銷，會讓你跟朋友的朋友，朋友介紹的朋友有更多的連結，這是一個非常有效果的行銷方式，前提還是你的商品要夠強。

5. 愛心捐贈

在疫情期間，有很多善心的人士，不知道要如何去幫助在前線的醫護人員，我們透過跟這些人連結，製作美味的餐點給第一線的醫護人員，除了可以維持店家的生計，同時也溫暖人心。

藍爵疫情期間的公益行動

疫情期間提供防疫便當及物資

疫情期間與藝人賈永婕一起做愛心

與藝人賈永婕合照

C. 客戶：經營管理與開發

1. 店內顧客管理系統

本來我們就有經營自己的顧客管理系統，在疫情期間，透過這些會員保持連繫，不但可以增加商品售出的機會，也能維持跟顧客更好的供需關係。

2. 團購窗口

藉由團購的人脈，讓沒有嘗試過餐廳商品的新客戶，因為相信團購主的推薦而第一次購買，因為得到優質的商品，進而成為餐廳的忠實顧客。

3. 朋友圈

長期經營朋友圈，每天讓朋友了解你目前的狀態，如果朋友認同你經營的專業領域，當你在推出商品時，他們因為信任你，會選擇購入你的商品，商品優質，就會把好的商品再用分享好康的概念給他們的朋友，進而累積忠實顧客群。

4. 愛心人士

保持樂觀積極的態度，就會吸引到同樣熱心助人的朋友，也因為這些朋友的支持，讓餐廳有了另一個收入的來源。

5. 積極開發新客源

餐廳附近的銀行、農會、郵局及公司行號，如果超過20個員工，一定會有午餐用餐的需求，如果可以提供他們在他們預算範圍內的精緻餐點，就有機會讓他們變成我們的顧客。

疫情期間人員調整及訓練

D. 工作夥伴：人員調整與訓練

1. 心態的調整

因為疫情的影響，上班還是存在著一定的風險，一起上班的工作夥伴，如何調適好自己的心態，同時做好防疫，這是疫情期間心態調整的首要工作。

2. 工作模式轉變

工作夥伴要從本來人對人的服務方式，轉變成人對商品的商業模式，不管是商品還是人，都需要經過轉變時的過渡期，才能使商品成熟速度加快品質穩定。

3. 應對顧客的方式

疫情期間夥伴面對顧客的方式，跟在餐廳服務顧客的方式，有很大的區別。跟來取餐的顧客應對，更應該讓顧客對餐點的品質，店內防疫工作的落實，能夠有完全的信任。

4. 提升自我的專業技能

能夠在疫情期間，增進自己的專業知識，在疫情結

束解封之後，在之後面對客人的服務流程，能有更專業的態度。

5. 內外一心共體時艱

疫情期間餐廳內外場都需要要互相幫忙，互相體諒，夥伴能夠在疫情當中工作，能夠珍惜這個工作的機會，不自私不貪功，配合公司的制度，同時完成公司給予的目標。

疫情的每一天，我們每天都在面對不同的挑戰，我們每天也都在困境中被迫做出不同的改變，為的只是爭那一口氣，那一口不被疫情擊敗的氣，那一口能生存下來的氣。

○每天中午製作愛心防疫便當外送醫院

○製作企業訂購的商業午餐外送

○每天下午處理包裝，寄送來自自家訂單系統、朋友及團購主訂購的真空冷凍包

○全日接受來自外送平台的外送訂單

○空檔親自配送三峽、樹林、鶯歌地區的電話訂單
　及外送
○搭配假日外送防疫雙人、四人套餐

　　營業過程中，我們一刻也不敢鬆懈，不敢細算到底做到了多少業績？有沒有達標？因為我知道，既然決定要做，就沒有回頭路，我只能努力往前衝，用盡我的全力衝。

　　疫情肆虐困在家中、子女無法正常上課、餐廳無法內用、社會接近停擺的狀況下，心中只有一個想要達成的目標。我很幸運，有一群不分日夜跟我一起並肩作戰的工作夥伴，有一個不管我提出什麼無理要求都可以像救世主般把商品變化出來的魔術師主廚，有一個不求回報默默支持，默默付出有如兄弟般的合夥人，讓我可以無所畏懼勇敢的往前衝。

　　當月結算，扣除所有支出
　　獲利 1258 元

努力不一定會成功，但是不開始努力絕對沒有成功的機會。我都能做到，相信你也一定做得到。最後，感謝這段時間幫助我的廠商、好朋友們及工作夥伴，因為有你們，我不孤單。面對疫情，如履薄冰。面對未來，海闊天空。

附錄 1. 經營餐廳最常產生的 50 個問題

在分享完歐巴這 20 年來餐飲創業的歷程與經驗後，當然還是沒有辦法涵蓋到各種不同餐飲創業所可能會遇到的問題，所以歐巴在最後特別為想要創業或已經創業的老闆們，整理出創業過程當中，開店最常產生的 50 個問題以及 50 個需要提醒注意的事項，如果這些問題切中你心，但是目前還理不出頭緒，找不到解決的方法，歡迎你在書本的最後一頁，加入韓森歐巴 LINE@ 討論群組，歐巴將不定期透過群組交流的方式，親自上線解決各種餐飲的疑難雜症，最後，祝大家生意興隆，心想事成。

1. 餐廳的耗材，需要定期更換嗎？

2. 經營已經很不容易，節省開銷有錯嗎？

3. 特殊節日對餐廳營運重要嗎？

4. 能賺越多我一毛錢都不要少賺？餐廳需要促銷嗎？

5. 買二手的生財器具真的比較划算嗎？

6. 除基本勞健保之外，餐廳需要額外的保險嗎？

7. 中華民國萬萬稅，餐廳該如何節稅？

8. 餐廳有必要多添購安全設備嗎？

9. 餐廳的清潔你真的做好了嗎？

10. 看似賺錢的餐廳，為什麼在戶頭裡面都看不到錢？

11. 合夥真的比較好嗎？需要注意什麼問題？

12. 如何處理麻煩的員工進退問題？

13. 如何讓你經營的餐廳，生意一直很火爆？

14. 什麼樣的時機才是開店的最好的時機？什麼樣的狀況才叫做我準備好了？

15. 如何提高開店遇到問題的抗壓性？

16. 老闆不會做報表怎麼辦？

17. 不斷調整餐廳模式，卻感受不到實際效果？

18. 行銷廣告的費用那麼高，有沒有省時省力省錢的行銷方式？

19. 當老闆的，什麼事情該做，什麼事情不該做？

20. 花了好多時間經營，卻看不到明顯的成效？

21. 經營一直找不到競爭的差異性？

22. 餐廳評論很重要嗎？

23. GOOGLE 評論為什麼公信力這麼高？評論可以作假嗎？

24. 如何在短時間累積好的餐廳評價？

25. 餐廳需要賣餐券嗎？

26. 請正職員工還是 PT（Part Time）計時人員划算？

27. 老闆什麼事情都需要親力親為嗎？

28. 我是無神主義者，開餐廳一定要拜拜嗎？

29. 經營餐廳重心需要專注大方向還是小細節？？

30. 有天馬行空的想法，但不知道如何實踐？

31. 經常覺得餐廳經營的大方向都沒問題，但是總覺得好像缺少了什麼？

32. 如何經營管理餐廳的目標客群？

33. 餐廳客戶評價都不錯，但業績卻一直不見起色？

34. 想要增加餐廳的話題性及獨家的特色，但卻找不到方向？

35. 目標顧客的生日對餐廳重要嗎？

36. 如何增加餐廳營業之外的營業額？

37. 餐廳使用外送平台是划算的嗎？

38. 餐廳需要顧客管理系統嗎？

39. 如何運用 Line@ 做餐廳的行銷？

40. 如何經營社群媒體？讓目標顧客追蹤你並開發潛在

客戶？

41. 餐廳裝潢空間需要定期整修嗎？

42. 如何讓老客戶主動幫你行銷？

43. 如何讓老舊的餐廳看起來活力十足？

44. 如何創造獨一無二的用餐體驗？

45. 餐廳的空間有充分被運用嗎？

46. 如何有效提升餐廳的 CP 值及競爭力？

47. 老闆可以和員工當朋友嗎？

48. 如何增加顧客對餐廳的獨特性及記憶點？

49. 如何讓服務人員對顧客做到貼心的服務？

50. 如果資金不足還可以創業嗎？

附錄 2. 餐飲業需要注意的 50 個創業心態

1. 自信的領導人可以把事情簡單化

2. 微笑是一切問題的解答

3. 溝通力遠大於你的專業能力

4. 激勵，是最有價值的能力。

5. 工欲善其事必先利其器

6. 乾淨的環境是競爭最重要的本質

7. 信念是支持你最大的原動力

8. 正向思考會影響到周遭的一切

9. 不斷提高自己情商

10. 情緒性的批評只會帶來反效果

11. 借力使力讓經營更容易

12. 每一個小細節，都是經營的大關鍵。

13. 坦然接受失敗，克服它繼續往對的方向前進。

14. 不要用員工的思維處理事情，要用老闆的角度去創造生意。

15. 以不變的薪水因應萬變的物價，你要做的不是節流而是開源。

16. 你要幫的人只有自己，因為沒有人會幫你。

17. 態度決定你的高度，正能量的散發是業績成長的特效藥。

18. 人脈就是錢脈，善用真正對你有幫助的人。

19. 保障你的員工，因為好的員工是你賺錢最重要的資產。

20. 良好的溝通是留住人才的關鍵

21. 真正了解商品本身的價值

22. 增加餐廳的附加價值，提升餐廳的競爭力。

23. 客人百百種，雞婆的會寫建議，機車的會寫評論。

24. 寧願當個不熟的朋友，也不要樹立敵人。

25. 隨時觀察社會的變化，將新的元素融入到你的事業。

26. 醫師、律師、會計師是你創業最需要的夥伴。

27. 善用有限的空間，做出最大的效益。

28. 搞懂稅務問題是餐廳賺錢的關鍵。

29. 生財器具是你最大的武器，需要細心呵護。

30. 防君子不防小人，監視系統的重要。

31. 鄰居是你的恩客，商家是你的夥伴。

32. 菜單定價的重要性，高 CP 感覺從這裏來。

33. 團隊整合的重要性

34. 家人的支持讓你事半功倍

35. 回歸你創業的初衷

36. 休息是為了走更長遠的路，多看多聽多學，驚喜都在不經意的小地方。

37. 從小細節做改變，事情也會因為你的些許改變，不知不覺地開始改變。

38. 沒有曝光哪來的生意？不要輕忽行銷的力量。

39. 把握重要節日，賺儀式感的消費財。

40. 養植物看出員工的用心

41. 看一件事情的角度不同，心態的轉變，影響到最後的結果。

42. 你認真，客戶就會把你做的事情當真。

43. 當慾望成為心中唯一意念，這股力量比原子彈爆炸的威力還要大。

44. 不去接受不可能，更不去接受失敗。

45. 適當的請求幫助，讓專業的人才幫助你，做事就能夠事半功倍。

46. 記帳及成本控制關係到店內能否生存

47. 創業這條路，不管多麼艱辛困難痛苦，請務必不斷思考、堅持到底，危機就是轉機。

48. 一個清楚的構想，能夠把專業知識，變成實質的財富。

49. 懂得把手邊的事情放出去，懂得把拿到的利益做分享。

50. 思考跟行動力，想賺 100 萬跟 1000 萬思維的差別與行動力。

成功不是偶然，是靠不斷努力、隨時調整方向，才能越走越順越來越好，感謝一路上支持我的家人朋友，我今天有這個能力可以幫助想要創業的朋友。在創業這條路上，沒有捷徑也沒有盡頭，唯有不斷地努力，向前看、往前走，才能一步一步邁向更成功的自己。

　　如果你看完了這本書，卻還是不知道從何開始？機會來了，即日起凡購買書籍的讀者，加入歐巴的粉絲團。並私訊小編「我需要一對一的創業諮詢」就有機會得到，一小時跟歐巴一對一線上免費諮詢的機會（價值5800元）

　　創業的路上，你並不孤單，歐巴是你創業最堅強的後盾。讓歐巴協助你，陪你一起邁向創業成功的康莊大道。

　　我是食尚歐巴韓森，你的專屬餐飲顧問。

- *Follow Oba* -

食尚歐巴_韓森

handsomeoba.tw

跟著歐巴玩食尚

韓森歐巴
@handsome_oba_

食尚歐巴 韓森
4282826525

加入 LINE 群組，與歐巴線上互動

千萬別創業，除非你用對方法

食尚歐巴韓森無私傳授 20 年餐飲業實戰必勝經營思維

作　　者／蘇子弦
美術編輯／達觀製書坊
責任編輯／twohorses

企畫選書人／賈俊國

總 編 輯／賈俊國
副總編輯／蘇士尹
編　　輯／黃欣
行銷企畫／張莉滎、蕭羽猜、溫于閎

發 行 人／何飛鵬
法律顧問／元禾法律事務所王子文律師
出　　版／布克文化出版事業部
　　　　　115 台北市南港區昆陽街 16 號 4 樓
　　　　　電話：(02)2500-7008　傳真：(02)2500-7579
　　　　　Email：sbooker.service@cite.com.tw
發　　行／英屬蓋曼群島商家庭傳媒股份有限公司城邦分公司
　　　　　115 台北市南港區昆陽街 16 號 5 樓
　　　　　書虫客服務專線：(02)2500-7718；2500-7719
　　　　　24 小時傳真專線：(02)2500-1990；2500-1991
　　　　　劃撥帳號：19863813；戶名：書虫股份有限公司
　　　　　讀者服務信箱：service@readingclub.com.tw
香港發行所／城邦（香港）出版集團有限公司
　　　　　香港九龍土瓜灣土瓜灣道 86 號順聯工業大廈 6 樓 A 室
　　　　　電話：+852-2508-6231　　傳真：+852-2578-9337
　　　　　Email：hkcite@biznetvigator.com
馬新發行所／城邦（馬新）出版集團 Cité (M) Sdn. Bhd.
　　　　　41, Jalan Radin Anum, Bandar Baru Sri Petaling,
　　　　　57000 Kuala Lumpur, Malaysia
　　　　　電話：+603- 9056-3833　　傳真：+603- 9057-6622
　　　　　Email：services@cite.my
印　　刷／卡樂彩色製版印刷有限公司
初　　版／2024 年 5 月
定　　價／320 元
ＩＳＢＮ／978-626-7431-57-3
ＥＩＳＢＮ／9786267431603（EPUB）

城邦讀書花園　布克文化
www.cite.com.tw　WWW.SBOOKER.COM.TW